クマムシを飼うには

クマムシを飼うには

博物学から始めるクマムシ研究

Interviewee
鈴木　忠

Interviewer
森山和道

地人書館

本書は、有料メールマガジン「サイエンス・メール」（森山和道編集発行）で二〇〇七年二月一五日から六月七日まで一四回にわたって連載されたロング・インタビュー「クマムシのナチュラル・ヒストリー」を単行本としてまとめたものである。書籍化にあたっては、配信されたメールのテキストに必要最小限の変更・加筆を行ない、インタビューの中でその内容に言及されていない専門用語等に頭注を付し、また、話題に関係する図版等を挿入している。

クマムシを飼うには　目次

Part Ⅲ　研究

Part Ⅳ　教育

Part Ⅴ　文献

Part Ⅵ　評価

まえがき

本書は、メールマガジン「サイエンス・メール」の内容がもとになっています。「サイエンス・メール」とは、研究者へのロング・インタビューを主な内容とした有料週刊メールマガジンです。研究者に対して、私ことフリーライターの森山和道がインタビューをし、その内容を、あいづちなども含めて、ほぼそのまま配信しています。

通常の記事と違って「サイエンス・メール」では話をまとめたりしていませんので、見方によっては内容はかなりダラダラしています。「科学をテーマにした居酒屋トーク」のようなものです。ただし内容は、ごくごく軽い話もありますが、中にはかなり深くややこしいことも話してもらっています。

世の中には、いろいろな研究を行っている数多くの研究者がいます。何しろたいていの研究者はその研究に一生をかけてしまっている方々ですので、どの人の話もそれなりに面白いわけです。

私は普段はライターとして仕事をしていますので、記事を書く上でいろいろな話を聞く機会があります。一般の媒体では紙幅・文字数の都合がありますので、取材をもとに内容を圧縮せざるを得ません。編集することで話を濃密に、そしてメリハリきいたテキストへと変えていくわけです。

しかしながら、編集の過程では面白い部分をカットせざるを得ないこともあります。人と人のやりとりの中で本当に面白い部分は、ごくごくちょっとした軽い返事や、やりとりの「間」や「雰囲気」の中にあることも少なくありません。それは、まとめた文章の中ではなかなか表現しにくい部分です。できればそこを、可能であれば素材のまま、できるかぎりフレッシュな状態でお伝えしたいなあと思っていました。

これが「サイエンス・メール」の編集方針です。研究者の方の生の声を、できる限りそのままお伝えすることを目的としてメールマガジンの編集発行を行っています。興味をお持ちいただきました方はウェブサイトをご覧いただければ幸いです(http://moriyama.com/sciencemail)。

鈴木忠先生の「クマムシのナチュラルヒストリー」に関するお話は、二〇〇七年二月～六月に配信いたしました。

鈴木先生をインタビュー相手に選んだ理由は極めて単純です。先生の著書『クマムシ?!』（岩波書店、二〇〇六年八月刊行）が面白かったからです。ユーモラスな筆致で書かれた本文のテキスト内容そのものも面白かったのですが、そこに書かれていなかったことといいますか、文章を読んだときになんとなく「この人に話を聞いたら面白そうだ」と思いました。単なるカンです。それで、岩波書店の担当編集の方に鈴木先生をご紹介いただき、話を聞きに伺ったわけです。

ですから本書は、『クマムシ?!』の副読本のようになっています。別の出版社の本ですけれども、本書を偶然、『クマムシ?!』を読む前に書店店頭で手にとってしまった方は、たぶん近くにあるだろう『クマムシ?!』と一緒に本書を書店のレジに持っていってください。もちろん、本書だけでも通読はできますが、『クマムシ?!』を先にお読みいただいたあとのほうが、より本書を楽しめることは間違いありません。

「クマムシ」についても、鈴木先生の御本からの受け売りですが、一応ご紹介しておきます。

「クマムシ」は緩歩動物門に属する生き物です。大きさは〇・一〜〇・八ミリ。そこらへんのコケの中などに住んでいるそうです。乾燥すると「樽」のような形になり、その状態になると、高温とか低温とか高圧とか、ものすごい極限状況にも耐える能力があると言われています。しかも、水をかけると元どおり生き返ったりします。その秘密はまだ謎のままです。テレビでもよく「驚異の動物」扱いで紹介されているので、名前をご存じの方は意外と多いと思います。最近のバラエティ番組ではだいたい「でも、指で潰すと簡単に死ぬ」といったところでオチをつけていることが多いようです。

ですが、実物のクマムシを見た人はあまりいらっしゃらないのではないでしょうか。そもそも鈴木先生が『クマムシ?!』を書くまでは、ちゃんとした生き物としてのクマムシの姿を紹介した本さえろくになかったのです。

私も名前だけは知っていましたが、実物を見たのは鈴木先生の研究室で見せてもらったのが初めてでした。実体顕微鏡の下にセットされたシャーレの中で、のそのそと歩き回るオニクマムシたちの姿は想像以上に面白かったことをよく覚えています。

クマムシは体を左右に大きくひねりながら足を動かして歩いていました。頭ふりふり、体もふりふりといった感じです。大きなイモムシが、かなりの速度で動いているような感じ、と思っていただければいいでしょうか。

鈴木先生の研究室では餌としてワムシを与えていたのですが、クマムシの食べっぷりがまたすごいのです。「ガブッ!」とワムシに噛みついて、一気に丸飲みにしてしまうのです。よくよくクマムシの体を見ると、中にはいっぱい消化中のワムシが詰まっていました。

何かしら生き物を飼ったことがある人ならおそらく共感していただけると思いますが、動物が餌を食べる様子は見ていて飽きません。しかもクマムシは次から次へとバクバク食べるのです。「よくそんなに食うなあ」と呆れるほどです。クマムシは巨大なウンコをするということも顕微鏡観察中に鈴木先生から伺いました。シャーレの中はまさに「野生の王国」でした。

「サイエンス・メール」に対して読者の方からは「研究者の方の人柄が、ある程度うかがえる点が面白い」というご意見をいただくことが少なくありません。ここ数年、科学研究と一般社会の間のコミュニケーションが話題に上がっていますが、一般の方が抱く科学への興味といったときには、研究の内容そのものもさることながら、研究をやっている当人がどういう方なのかということに興味を持つ人も多いのです。科学も人の営みの一つですから、当然のことでしょう。そもそもなぜその研究を始めたのか、ということに対して理解や想像力が及ばなければ、いま進んでいる研究内容や、次あるいは将来何を研究していくのかということにも興味が持てないのも道理です。ですから私はインタビュー取材の際には必ず、いま何をしているのかについて伺ったあとは、なぜその研究を始めたのか経緯について質問し、そして今後、何をしようといているのか伺うことにしています。

そもそも想像力こそが科学の源泉です。自然物でも人工物でも、周囲のあらゆるものには表面上に見えている以上の奥底があり、内部構造があり、由来があります。それは具体的なものだけに留まりません。社会や政治など、身の周りのあらゆる事柄にも言えることです。目には見えない本質に思いを馳せ、楽しむことこそが科学的手法あるいは科学の知識を学ぶことの意義だと思います。

イギリスの詩人ウィリアム・ブレイク（一七五七〜一八二七年）は Auguries of Innocence という作品の冒頭で、

To see a World in a Grain of Sand
And a Heaven in a Wild Flower,
Hold Infinity in the palm of your hand
And Eternity in an hour.

（一粒の砂に世界を
一輪の野の花に天界を見る
あなたの手のひらに無限を
ひとときに久遠をとらえる）

と、言葉を紡ぎました。

本書を通じて、そこらへんのコケの中にも複雑に絡み合った生物同士の繋がりがあること、その中にクマムシという生き物がいて、その生き物はまだまだ未解明の謎が多いことを知っていただきたいと思います。砂粒一つにも世界を見出すことができる——それは実に楽しいことですし、人生を豊かにすると私は信じています。

研究者の方々もさまざまですが、彼らの多くは自分たちの仕事を楽しんでいます。私はその頭の中に広がっている世界をもっと披露していただきたいと思っておりますし、そのために何かしらのお手伝いができれば、サイエンスライターの端くれとして幸甚です。

森山和道

Part I 観　察

クマムシって?!

――「クマムシ」は、名前はよく聞くけど、実際にどういうものかということを知っている人は少ない。それは、先生も『クマムシ?!』*の中でお書きになっている通りです。他人事じゃなく、僕自身も実物が歩いているのを顕微鏡下で見たことはありません。巷で言われるような、電子レンジでチンしても死なないとか、低温に耐えるとかといった「不死身伝説」にしても、実際、それが本当なのかという検証はあまり見かけません。そこのところは、確かに先生のおっしゃる通りだと思いました。

鈴木　ええ。具体的に、たとえば動画として出回っているものとか、そういうものというのはあまりないですね。たぶんインターネットなんかで、いろいろ情報を探していらっしゃる方がよく見るのは、最近ですと高知大学のサイト*ではないでしょうか。ここにはきれいな動画がいろいろ登録されているので、そういうものをご覧になった方は、たぶん具体的なイメージはお持ちだと思いますけど。あとは最近のこの『クマムシ?!』の本の宣伝ページ*にちょっと動画を載せてあります。僕が撮ったもので、それで初めて見たという人も多いかもしれないですね。

＊『クマムシ?!』《岩波科学ライブラリー122》（岩波書店、二〇〇六年八月四日第一刷発行）

＊高知大学キャンパス内のクマムシ
http://plants.cc.kochi-u.ac.jp/~matsuito/tardigrades/mov/index.html

＊『クマムシ?!』宣伝の動画
http: //www.iwanami.co.jp/moreinfo/0074620/top.html

――はい。そこでまず基本的なことの確認ですが、「クマムシ」という動物は、分類学的にはクマムシ門でしたっけ？

鈴木　緩歩動物門*です。

――その中にはクマムシの種類しかいないんですか？　ほかにもいるんですか？

鈴木　クマムシだけです。クマムシにも、形のほかにさまざまな多様性はあるんですけども、緩歩動物門はクマムシだけということです。たとえば、節足動物みたいに、ものすごく多様なのがいろいろいるというような、ああいう大きな門とは違っています。クマムシの場合は、足が四対あって、五体節に見えるような形態を取っているものだけという感じです。

――その足には関節はないということですが、屈曲性はありますよね？

鈴木　足の途中に昆虫のような関節はないので、途中を曲げたり伸ばしたりさせるような筋肉もありませんが、付け根の所を支点に動きます。それから「節クマムシ」といわれている海のクマムシに特徴的ですが、足が伸び縮みするそうです。潜望鏡みたいな感じで伸び縮みをして、そこが節のように見えるというので「節クマムシ」という言い方をするグループです。

――文献に記録されているスケッチなどを拝見すると、関節じゃないですけど、何か節っぽいものがありますが、あれは伸び縮みするための節なんですか？　足の

＊緩歩動物門　「緩歩」はラテン語の**Tardigrada**（緩やかな歩み）の訳語。「門」は分類体系の中で「界」に次ぐ階級。たとえば動物界の中でヒトや魚やホヤは脊索動物門、アサリやタコやウミウシは軟体動物門、昆虫やエビは節足動物門に分類される。クマムシは緩歩動物門という独立の「門」に含まれる。

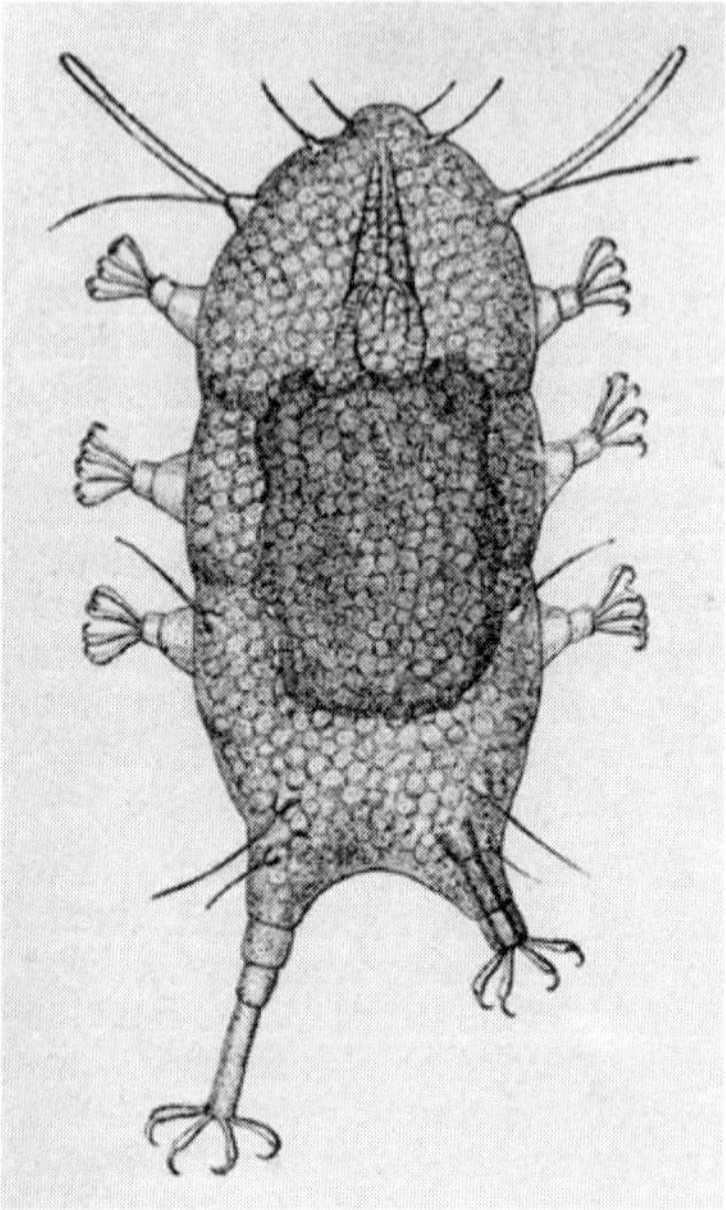

図1　節クマムシの仲間

部分にも、何というか、しま（縞）というか、しわしわになっているところがありますね。

鈴木　確かに、しわしわがありますね。伸び縮みをするからでしょう。ただし、伸び縮みはするんだけど、私たちの体の関節に似た構造があってそこに骨格筋が付いていて、曲げたり伸ばしたりするような構造はないわけです。

——では、伸び縮みするための機構というか、内部構造はどういう形になってるんですか？

鈴木　引っ張る筋肉（牽引筋）があります。伸びるときはたぶん、体の中の体液の移動でびゅっと伸びるんでしょうね。それを引っ張ると、ぴゅっと伸びて、また引っ張るというそういうふうに……。

——ああ。そういうふうにはなっているんですね。

鈴木　筋肉に関しては、かなり昔から解剖学的な記述が残されています。それによれば、今言ったようなことらしいです。

——ふーん。

クマムシのナチュラル・ヒストリー

――今現在、先生はどんなアプローチで研究を進めていらっしゃるんですか?

鈴木　『クマムシ?!』の第2章に書いたことは、ほとんど自分の研究による結果です。今のところ、オニクマムシと呼ばれる種類だけ直接扱っています。「現在の専門」とかいったことを、いろいろなところで書かされる場合がありますが、何と書いたらいいかよくわからないので、「クマムシの生物学」というふうに自称していいます。だから専門を聞かれれば、要するにクマムシに関するもろもろについて何でもかんでもみたいな答え方をしています。しかし、まず生活史に関することを、いろいろ見たいと思っています。

――生活史のいろいろとは?

鈴木　具体的に『クマムシ?!』に書けたことは、たとえば、どのぐらいのペースで脱皮をして、どういう感じで成長するのかとか、それからどのぐらい卵を産むのかとか、どういうふうに幼虫が出てきて大きくなるのか、そんなようなことです。大ざっぱなところは、だいたい一応は見られたけど、細かいところは、まだまだという状態です。だからそれは、今、飼いつないでいるやつが、いまだにずっといますから、それを見ている間に、これまでに見たことのないようなイベントが出てくれば、その都度、観察項目を増やしていくというようなやり方です。ただ、それだと行き当たりばったりの、ただ見ているだけのことなので――本当はそれが一番楽しいんですけどね。

――(笑)。

鈴木 もう一つ考えているのは、研究のやり方はいろいろありますから、普通に、たとえば「形を見る」ということで言えば、興味があるのは発生に関することです。取っ付きやすいところでは、卵の形成、つまり卵形成過程です。それから雄があまりいないので、*これは難しいのですが、雄の方の同じような精子形成の問題と、それに関係する生殖腺の構造がどうなっているかというような問題です。これは電子顕微鏡で見るような研究になりますが、その形を記載するという仕事をやっています。

――先生は以前は、昆虫の精子形成といった分野を研究されていたんですよね?

鈴木 ええ。

――そういう以前の研究との連続性みたいなものは、ある程度あったんですか?

鈴木 多少はね。多少はあるんですけども、あまりそれにとらわれるつもりはありません。もっと自由にいろいろなことが本当はやりたいんです。学生のころ――

＊性比　オスとメスの比率はヒトなどでは約一対一であるが、どちらかの性に偏る生物も多い。

本当の専門に進むよりも前の学生のころは、僕は、動物行動学とか、コンラート・ローレンツ*がやっている研究にものすごく興味があったものですから……。やっぱり動物行動学絡みのこととか、広い意味では生態関係のテーマに興味があるんです。だから、一番しっくりする言葉で言えば「ナチュラルヒストリー*」です。そういうナチュラルヒストリーに絡むようなことをいろいろ広く見たいということです。

——なるほど。

鈴木　逆に言えば、現在の生物学のメイン・ストリームになっている分子生物学、分子細胞生物学といった分野は、どなたか専門でできる方がたくさんおられると思うので、その分野からのアプローチはそちらの興味からやってもらえばいいなと思っています。僕自身は、じゃあ、次は分子もやらなければいけないかなと考えて、いろいろプランを立てたりといったことは、あまり積極的ではありません。

——今はまず、観察して記載する、と……。

鈴木　そうそう。動いているやつを見ているようなタイプの仕事がしたいですね。

——動いているやつね。

鈴木　ええ。あとは動いていなくても、つまり標本の形を調べるような……。分類学者というわけじゃないのですが、ほんとうに物の形を見るような仕事です。分子の言葉で記述するといった、そういう研究は——今となっては、それが一番普通

* **コンラート・ローレンツ（Konrad Lorenz, 1903-1989）**　オーストリアの動物行動学者。さまざまな動物を飼育して、動物行動について深い洞察を投げかけた。雛鳥が最初に見たものを親だと思う「刷り込み」は彼が発見した現象。名著『ソロモンの指環』（日高敏隆（訳）、早川書房）の題名は、それをはめれば動物の言葉が理解できるという伝説上の指輪である。

* **ナチュラルヒストリー（Natural history）**　自然誌あるいは自然史。「博物学」もその訳語の一つである。自然を記述する学問。もっとも広い意味では自然科学そのものだともいえる。

の研究スタイルですけど――、それはまあ、僕は不得意なものですから。

――しかし今だと、たぶんナチュラルヒストリー的なことでも、すぐに分子レベルのところに興味がいくような気がしますが……。たとえば、『クマムシ?!』の中で、線虫*を餌として与えたら、逆に線虫から逃げていくという話がありましたよね、そういう現象でも、たとえば、どうやって線虫を検知しているのか、とか。

鈴木　あれは本当に線虫から逃げていったかどうかはわからないところもあります。実際、もっと詳しく条件を設定してみていろいろやらないと、単純に線虫が暴力的にどたばた動いているので、びっくりして逃げている、ということだけなのかもしれません。線虫（*C.elegance*）は、だいたい一ミリぐらいまでになり大きいですからね。

――せいぜい体長〇・五ミリ程度の彼らからすると、ということですか?。

鈴木　クマムシの餌にするには、ちょっとでかすぎたということです。

――本の中で、ワムシを初めて食べたときに「おっ、食べた」と書かれてますよね。そういうところが、僕はすごく面白かった。

鈴木　実際、たいていの人にとって一番素朴な興味のところでしょう。最近は、ほとんどそういうことだけで僕は動いているものですから（笑）。

――そうですか（笑）。

＊線虫　センチュウは線形動物門に属する動物一般の名称。その中で *Chaenorhabditis elegans*（シーエレガンス）はマウスやショウジョウバエとともにモデル生物として現代生物学の研究材料となっている。

所属は慶応大学医学部

――後々伺いたいと思っているんですけど、『クマムシ?!』の末尾に書かれている先生のご経歴も面白いですね。若干受けねらいの部分もあるのだと思いますが……。

鈴木　ああ、これね、このシリーズの中の「著者紹介」のところをちょこっと見せてもらって、自由に書けばいいんだなと思ったものですから、適当にずらずら書いていていたら、わりとそのまま載せてもらいました。ただ、最近の印刷のものには付いていますけども、初版第1刷では「現職」が書いていなかったものですから、何のことか訳のわからない「著者紹介」になっていました。今はほら、書いてあるんです。森山さんが持ってる本には書いてないね。

――僕が持っているのは初版ですね。

鈴木　最近の版には、現職も書いてあります。

――お、本当だ。失礼しました、現職の記載に「本当だ」って驚いてしまいました（笑）。

鈴木　ちゃんと慶應大学にまだいて、ちゃんとそういうポジションにまだあるということです（笑）。

――僕も岩波書店の編集担当の方にご紹介いただいたときに、「日本に今いらっしゃるんですか？」と質問させていただきました。現職のこともありますが、研究者の方は何かと海外にいらっしゃることも多いので。海外におられるので、売れている本なのにあまりインタビュー記事が出てないのかなと思ったりもしまして。

鈴木　二〇〇六年の五月までは海外にいたのですが、日本に戻ってきました。向こうには一年間いただけなんです。

楽しいクマムシ観察

――素朴な質問ですが、今はクマムシって何匹ぐらい飼っているんですか？

鈴木　実際に、実物をご覧になりますか。

――お、是非。向こうの部屋ですか？

鈴木　いや、ここにいます。

――こちらの部屋？　どこに？

鈴木　ほら、森山さんの後ろの、恒温器の中にいます。

――え、こんなところに⁉　びっくりです（笑）。まったく気づきませんでした。

鈴木　もう小さいものですからね。

――まさか自分の後ろにいたとは思わなかったですね。

鈴木　（容器を取り出して）ほら、ここに白い点々が見えますよね、肉眼で見ても、ほらここに。

――ええ、見えます。芥子粒みたいですね。

鈴木　これがクマムシです。小さいけど、こういうところに取り出して見れば、バクテリアのようにまったく目に見えないということはないですね。でも何がいるんだかはよくわからない。

――このクマムシは、大きさはどのぐらいですか。

鈴木　これは生まれたてで、〇・二ミリぐらいですか、大きくなって、一番大きくて〇・七ミリかな。〇・五～〇・六ミリぐらいで、どちらかといえば、これでもクマムシの中では大きい方です。ほら、こんな感じで動いています。顕微鏡をのぞいてみてください。

――拝見します。

鈴木　ここを見ればわかりますね。

――本当だ、動いている。ああ、結構、体をくねらせて歩くんですね。なるほど、クマとか大きな犬みたいだ。

鈴木　そうですね、特にオニクマムシは体が柔らかいですね。

――これって、最初見せてもらったときはみんな一直線に歩いていましたが、あれは、単に偶然ですか？

鈴木　ひたすら真っすぐ歩いているときもあります。

――それは何か、走性*があるんでしょうか？

鈴木　餌を一生懸命食べているときは、周りに同じように餌がいるのかなと思っているのか、ぐにゃぐにゃ頭を振りながら歩いていることもあります。

――なるほど。結構、意外に活発なんですね。

鈴木　この種類はそうです。

――うーむ、本当に面白いな。

鈴木　一般に、とげの生えたトゲクマムシの仲間――「異クマムシ*」と言っているやつですけど――、あの連中は本当にのろのろです。だけど、ここにいるようなクマムシたちは、わりと、すたすたと歩いていますね。

――本当だ。また別のやつが来た。おお～、かなり元気ですね。

鈴木　今日は月曜日で、昼前に餌をやったところなので、たぶん一番活発なときかもしれないですね。

＊走性　ある環境要因に応じて、その刺激の方向に向かったり避けたりする性質。たとえば、ミドリムシは光に向かう運動をし、ゾウリムシは重力に逆らって水面付近へ集まる。

＊異クマムシ　クマムシは体の構造によって大きく二つのグループ（綱）に分けられる。体表が裸のような感じの真クマムシ類に対し、異クマムシ類の体は装甲板でおおわれ、口ヒゲやさまざまな突起を持つ。

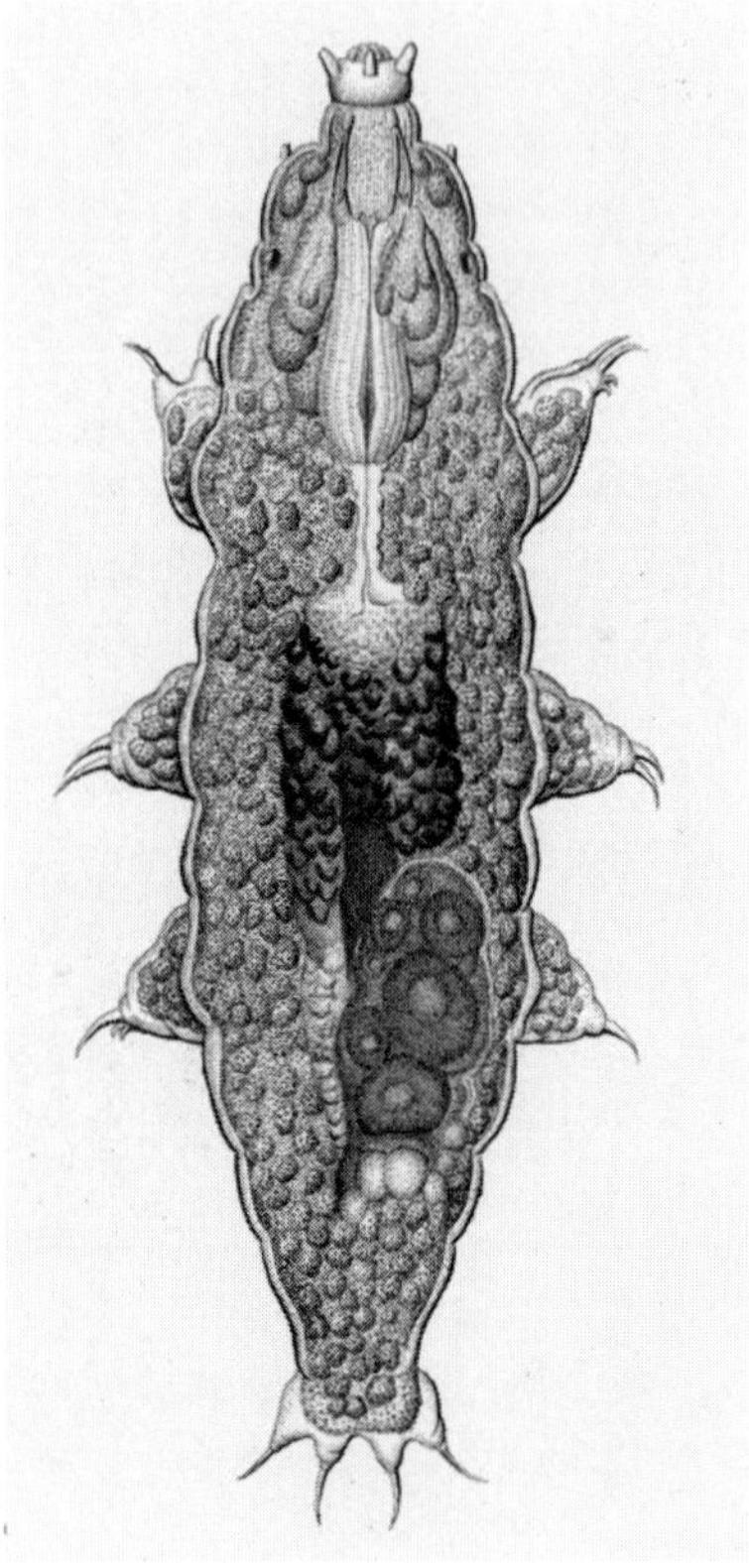

図2　オニクマムシ

――なるほど。見ていると、飽きないですね。

鈴木　ええ。初めてこれを見せたほかの分野の先生の中には、三時間か、四時間、そのぐらいずっと「もうちょっと見ていていいですか」って見ていた人がいますよ。

――その気持ちはわかります。面白いですよこれ！

鈴木　ちっこいやつがいると思うので、ちょっといいですか。こういうところにね――今ちょっと倍率を調節します。

――はい。

鈴木　ほら、これが餌のワムシです。これは餌のワムシの死んだやつかな。

――彼らは死骸だろうが何だろうが、気にせず食べるんですか。

鈴木　いや、生きているやつを食べます。こういうやつです。

――おおっ、食べた！

鈴木　たまたま、うまく食べてくれました。もう、一気に丸のみですよね。これはかなり食っていて、これ全体が胃袋、いや違う、腸ですね。もうそろそろ満腹で、食べてももう飲み込めないと思いますけどね。

――満腹中枢とかはないんですか。

鈴木　いやあ、どうなんだろう。そういうことは全然わからないですね。でも、この目と目の間には脳があるので、何かそういうような処理はしているはずです。

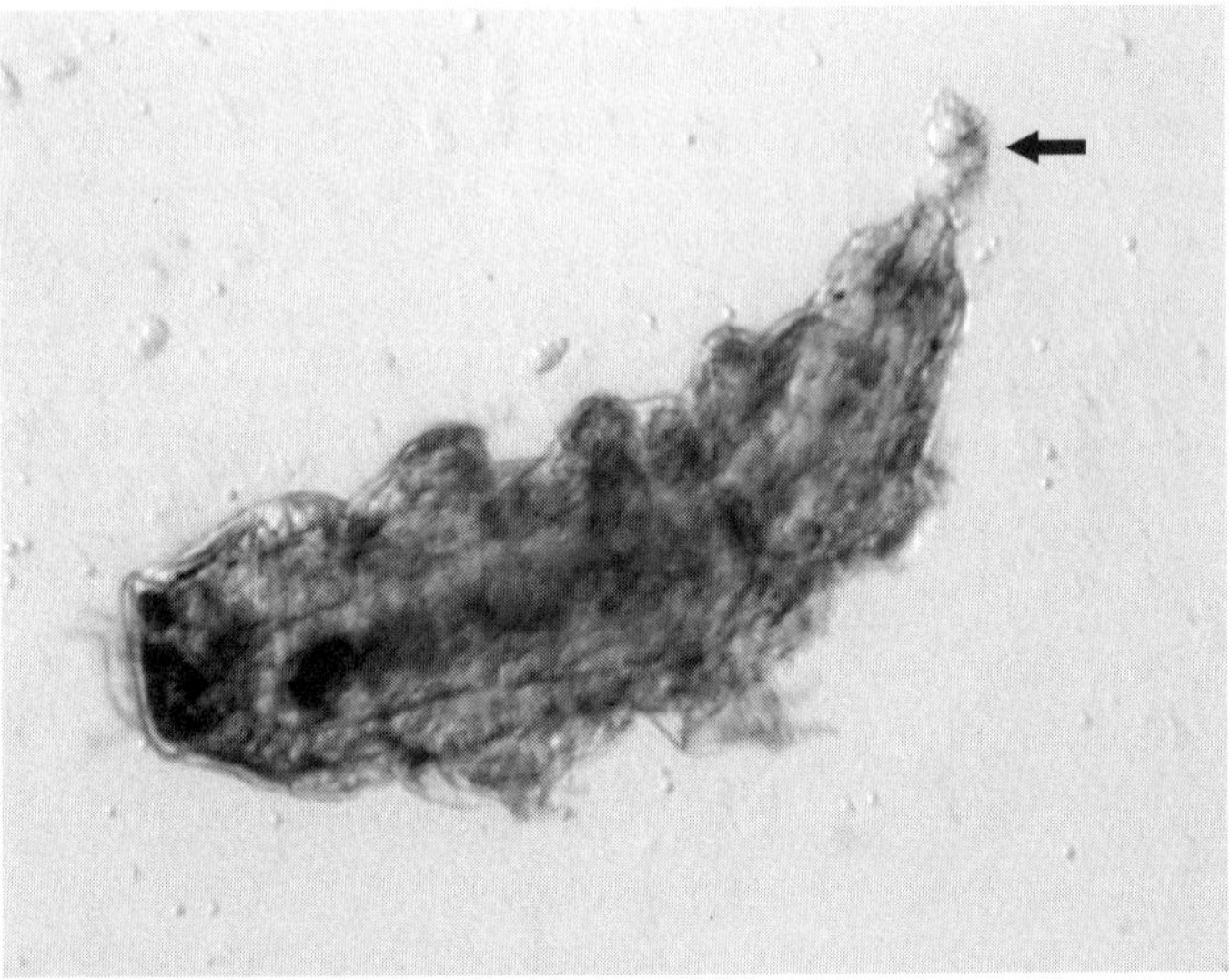

図3　ワムシを食べているオニクマムシ
大人のクマムシは餌ワムシ（矢印）を丸呑みにする。

これも、もうおなかがいっぱいですね。

――こいつは、何でこんなに首を振りながら歩いているんですか？

鈴木　構造上、そういうふうにしなければ歩けないのかもしれません。それとも、餌を探しているのか、その辺はちょっとわからない。それも、オニクマムシは特にそうですけど。こいつはちょっとちっちゃいので、丸のみにはできないかな。

――これは食べている瞬間ですか？

鈴木　今、吸い付いているところです。

――なるほど。おおっ、飲み込まれていった。これは面白いわ、確かに。

「おお、食べた！」　ワムシを丸飲みするクマムシ

――大きさが全然違うやつがいますが、これは……？

鈴木　それは二齢幼虫、こっちは親ですね。

――あ、小さいやつが食いついていた餌を、もっとでかいやつに横取りされた！

鈴木　うん、本の中にもちょこっと書きましたけど、こういうことがよくあるんです。餌探しのときに、ワムシの匂いというか体液の匂いは、かなりかいでいるよ

うです。でも、ワムシの無傷のやつがその辺にいっぱい泳いでいてもわからないんです。餌探しは行き当たりばったりで、たぶん、ばくっと食い付いて、それで味を占めればその近辺を蛇行して歩いて探索し、それまではすたすた歩くんじゃないかと思います。ただ、そういうような餌取り行動とか、そういうような行動に関するような研究は、まあ、ほとんどされていません。

——ふーん。さっき首を振っているのは、触角を振る代わりに首を振っているような感じなのかなと思ったんですけど。

鈴木　うん、その辺はよくわかりません。嗅覚みたいな感覚器がどの程度あるかもわからないし……。ただ、頭部にはいろいろそういう感覚器がいっぱいあることは確かです。口の周りに突起とかありますからね。

——それは全部、感覚肢*なんですか。

鈴木　おそらくは。ただ、どういうような神経が、どういうふうに分布しているという細かいことはあまりわかっていません。たとえば、神経系がこういうふうにあるというような大ざっぱな絵は、かなり昔の人が書いていますが、それ以上のこと——たとえば、神経の興奮の様子を直接測るとか——、そういう仕事は、まったくないです。

——まったくないんですか。

＊感覚肢　たとえば、触角のように動物の体から突き出す構造（付属肢）には、外界の刺激に応答する感覚器としてはたらくものがある。

鈴木　実際に、電極を刺して確かめるという研究ができるかどうかもわからないし……。なにしろ小さいですからね。で、この目のような場所というのが——一応「眼点」と言っていますけど——ありますけど、いかにも普通の動物の目ですね、場所としても。

——ええ。

鈴木　だけどこれが、視覚器としてどういうふうに働いているかはわからない。

——ああ、そうなんですか。

鈴木　土壌のクマムシには、これがないものが多いので、ということは、光に関係があったのかなとは思いますが……。だから、光を感知する程度には、そういう色素もあるんじゃないかなとは考えられますが具体的にはよくわからない。

——体の中が、丸々透けて見えるというのはやっぱり面白いですね。

鈴木　そうですね、こいつはたまたま食っていないですね。胃袋というか、腸がここにありますけど、あまり大きくなっていない。

——この「のけ反りポーズ」は何ですか。さっきから見てると、時々やるみたいですが。

鈴木　何かね、天を仰いでいるんですね。

——時々やるんですか。

鈴木　時々こんなことをやっていますね。シャーレは、本来のハビタット（生息地）じゃないでしょう。つまりこういう飼育環境って異常なところなので、本来は、こうやって天を仰げばたぶん次の葉っぱか何かに、つかまれるんじゃないですかね。だからそれは自然な行動だと思います。

——なるほど。うん、何かやっていますね。

鈴木　こいつは結構食べている。ほら、これがウンコです。

——ウンコもでかいなあ（笑）。

鈴木　ほとんど、これも丸ごと出てきますから。

——腸の中身がみんなずるっと出てくるわけですか？

鈴木　そんな感じですね。だいたい大きさとしてはこのぐらい、どーんと出てきます。そうすると、体が一気に透明になってぺちゃんこになります。

——ちなみにこいつらの腸内環境とか、共生バクテリアとかいったことについてはまだ？

鈴木　まったく何もわからない。

——そうなんですか。

鈴木　バクテリアというか……。あ、食べた！

——今のは何でしょう？

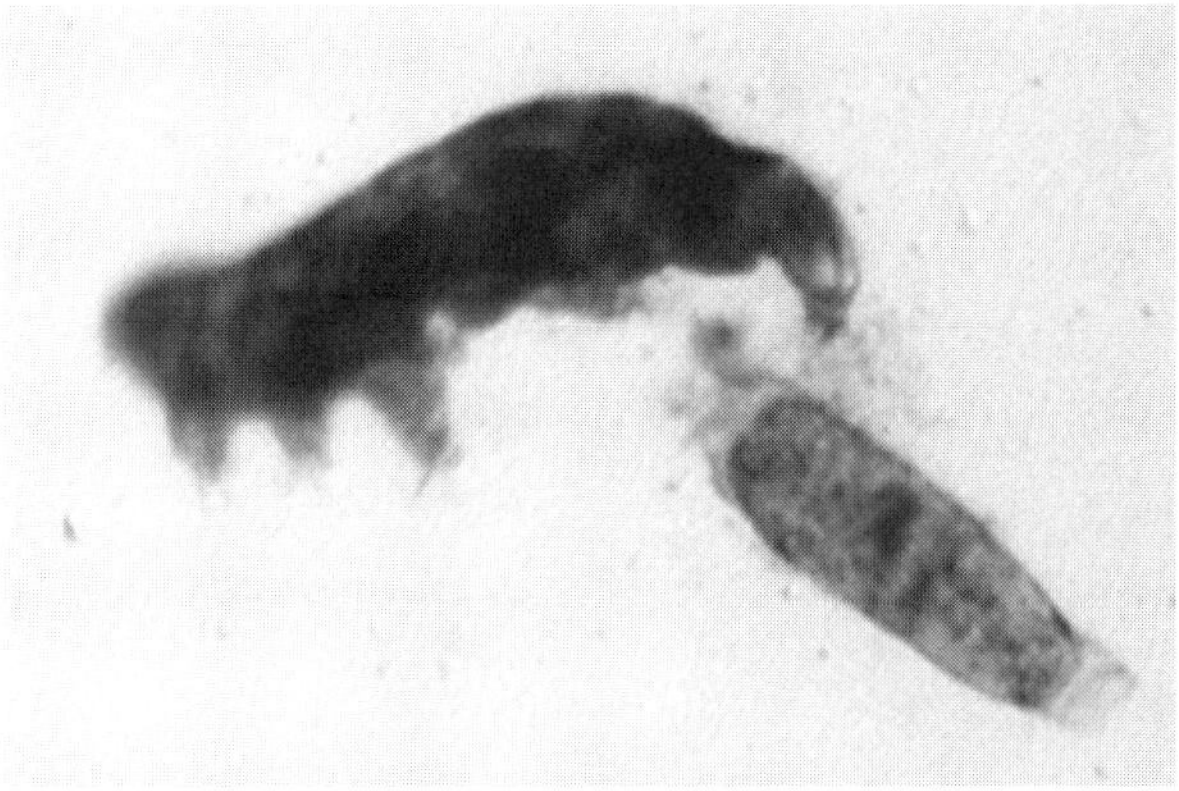

図4　オニクマムシのウンコ
左上のシルエットが、オニクマムシ本体で、右下のドラム缶のような固まりがウンコ。

鈴木　これはワムシです。

――あれもワムシですか。

鈴木　ほかのちっちゃい動物もいろいろ入っているんですけど、食べるのを見ているとこの環境の中では、食べているのはワムシだけです。

――本当に「ばくっ!」といくんですね。

鈴木　出合い頭に。

――動きが速い。本当に「おお、食べた!」という感じですね。

鈴木　本当にそうですね。今、「ごっくん」と飲み込んだでしょう。これなんか腹が減っているときに見ていると「うまそう」というか、こっちが腹が減ってきますよ（笑）。

――結構大きいですものね、彼の体からすると。

鈴木　うん、ワムシの体長が、だいたい一〇〇マイクロメートル（〇・一ミリメートル）ぐらいです。これに比べれば小さいとはいっても、クマムシののどの径にちょうどぎりぎりぐらいですか。

――人間で言えば、ニワトリを一匹丸ごと飲んでいるぐらいの大きさの比がありますよね（笑）。

鈴木　比率はそうですね。でも同じ比率で、このウンコの大きさを見たらすごいですよね。卵なんかもだいたいあのぐらいの長さがあります。

クマムシの産卵数

鈴木　ちょっと探せば、どこかに卵があるかもしれない。

――あ、そんなに？　そうか、いっぱいいるんだ。

鈴木　これが卵ですよ。ここはシャーレの端っこなので、ちょっと像がゆがんじゃっています。これは一つだけ。

――すけすけのやつは？

鈴木　これは抜け殻です。

――ああ、抜け殻か。抜け殻の中に卵を産むのですか。卵と一緒に脱皮するというべきかな。

鈴木　ここに一個卵がありますよね。これは、たまたま栄養が悪くて一個しか卵を産めなかったやつですけど、だいたいこういう大きさです。

――これは後ろ側ですよね、先生の本の説明だと、頭の方から脱いでいって……。

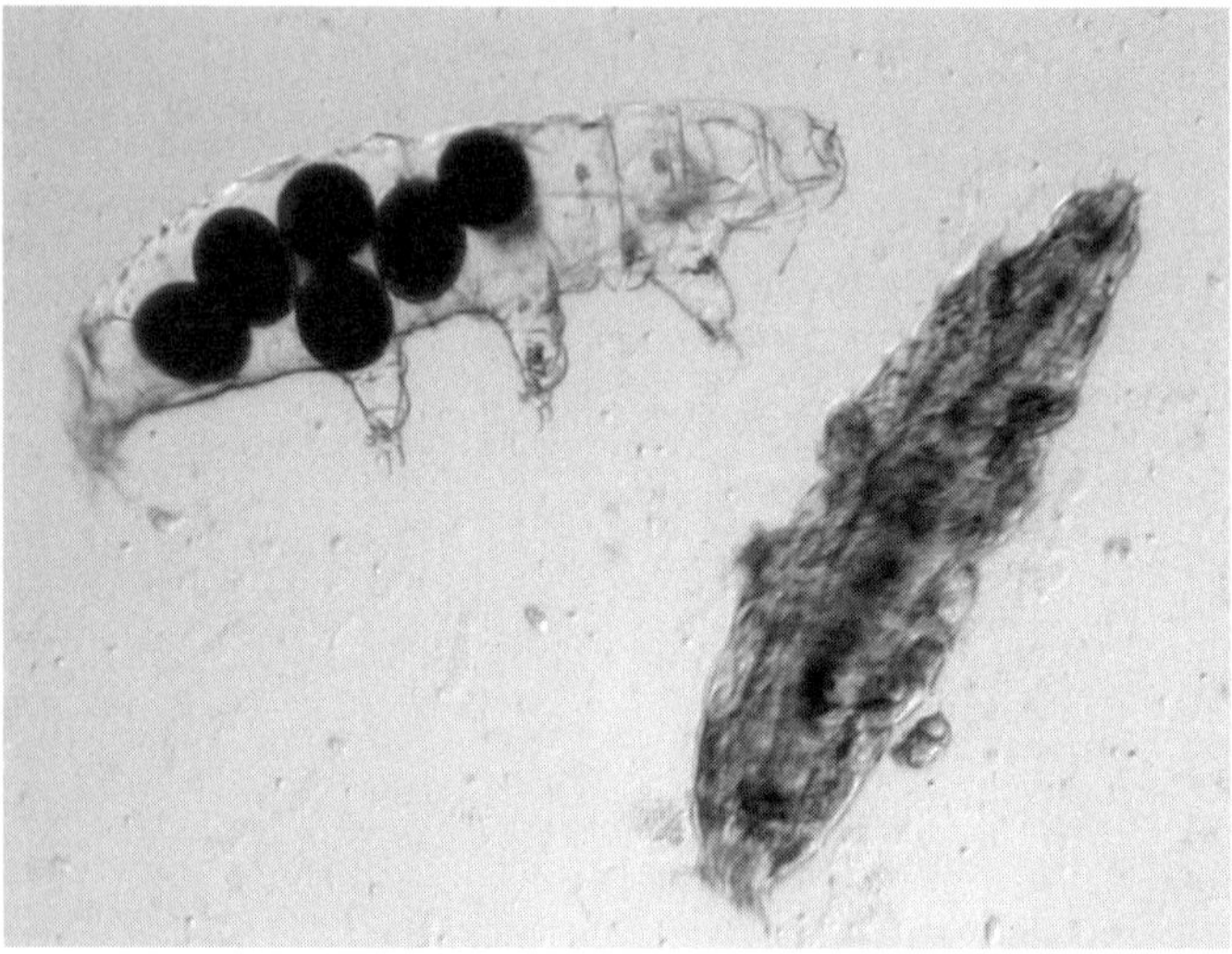

図5　オニクマムシの卵
脱皮殻の中に6個の卵が見える。右下は産卵直後の母クマムシ。

鈴木　こちらが頭で、ここにお尻の足があって……。

――ふーん……。きれいに抜けているなあ。

鈴木　この辺のやつがちょっと反対の隙間に入り込んでいるのでぼやけていますけど。

――大きいですね。一生のうちに何個ぐらい卵を産むかは、まだよくわからないというか、はっきりは答えられない状態ですか。

鈴木　はっきり答えているのは『クマムシ?!』の第2章です。たとえば、一番長生きのやつは五回産卵して合計四一個産んでいます。直接データとして残しているのはそれぐらいです。だけどあれは全部で一六匹を追跡調査をしただけなので、もっと長生きのものは、たとえば、摂氏二三度で四ヵ月ぐらいというのも本に少し書きましたけども、そういうのは個別のはっきりしたデータがないんです。だいたい何十個というぐらいじゃないかな。

――そのくらいのオーダーだろうと。

鈴木　ええ。その辺も、具体的に卵がどういうふうに形成されるかを、その卵巣の構造と絡めて研究をしようとは考えています。たとえば、オニクマムシというのは、栄養状態によって、一個から（自分自身で見たのでは）一五個までのばらつきがあります。一回の産卵数――それは母親が一つの卵形成のサイクルの中で使える資源に限りがあるので――の中で、たぶん最大になるように（かどうかはわからないですけど）、子孫の数が最大になるようにうまいことできているんじゃないかなとは思います。

――それはつまり、こういうことですか……。そのときの自分が食べている栄養状態によって、卵を形成する栄養のリソースを配分しているというよりは、周りの環境状態をある程度判断して、今回は何個ぐらいにしておいた方がいいだろうとか？

鈴木　その辺は、どういうふうに判断しているかどうかもわからない。卵巣の構造から自然になるのかもしれない。それを考える材料もほとんどないんですよ。オニクマムシの卵巣構造の全体像を、何となくこんな感じかなってわかり始めたのは、ようやく最近というか、僕がちょっと前に発表した研究があるんですけど、その頃からですから……。ものすごい微細構造が見えている電子顕微鏡の写真なんかは少しだけ出ていたりするけど……。卵の中の写真とかね。だけど卵巣を丸ごとといった、そういう次元では情報があまりない。だからそのような研究は、今、僕もやりつつあるという段階です。

――まさに生きざまを。

鈴木　その中の一つです。卵の出来方を……。

――じゃあ、何をやっても新発見的なところがまだ相当あるのですか。

鈴木　簡単に、そう言い切ることは難しいですけどね。やっぱり、マイナーだとは言っても、研究の歴史はかなりありますから……。だから面白そうなところでわかっているところはあるわけです。大ざっぱな解剖学的な記述も、もう二〇〇年も前からわかっている。このオニクマムシの種類で言えば、一八四〇年の論文で、既にものすごい細かいことまで書いてあります。だから何をやっても新発見、ということにはならない。

――ふーむ。

オスの問題もまだ全然わからない

鈴木　む、これはひょっとして雄かな。雄はたまにしか出てこないのでね……。ちょっとこいつはわからないですけど。たとえば、オニクマムシの雄というのも、今は全然わからない問題です。雄はつめの形が違うということは、かなり昔からわかっているけど、どういうふうにして雄が出てくるかとか、何で雄が少ないのかとか、それはまったく調べられていない。

――個体間シグナル伝達とか、そういうのはまだあまりわかっていないですか。

鈴木　全然わからないですね。というよりも、オニクマムシに関しては、オニクマムシの生殖行動も観察されていませんから。

――ふーん、そうか……。

鈴木　だからそういう感じでまだ生活史に関する情報というのは、やっぱりわからないことの方が多いですね。

――欠落している雰囲気ですね。

鈴木　ええ。

――どうもありがとうございます（ここまで顕微鏡観察）。いまは何度ぐらいで飼ってるんですか。

鈴木　今は二〇度かちょっと低めにしています。実験に使うためにいっぱい増やすとか、そういう必要性があまりないものですから。のんびりと飼って、ちょっと温度を低めにしてます。生活史の論文を書いたときのやつは、取りあえずは標準的な二五度でやっているんですけど。

Part Ⅱ　生　態

生きた動物の行動を見るのは難しい

――何でもやればいいというわけではないでしょうが、その中でも特に生殖行動に目を付けられたのは、どうしてですか？

鈴木　生物学のテーマでは、昔から興味のあるところはほぼ決まっています。生物というものがもともと持つ本質的性質というのは、やはり、個体の中の生命の維持と「種族」としての維持ですよね。だから生殖活動というのは非常に重要なところで、それがどういうふうに行われているかということは、さまざまな角度からいろいろなレベルで調べられています。まあ、それを調べるのは当然のことだと思います。

――でも一方で、クマムシではそういうところまで研究が進んでいなかったわけですね。逆に、それは、じゃあどうしてなんですか？

鈴木　やりにくかったからです――クマムシを培養するとか、その種の仕事の仕方をする人があまりいないものですから。過去、たとえば一九六〇年代前後に、いくつかの論文があります。だけど、本当に数えるほどでしかない。また、その人がちょろっとやっただけで、それがずっと維持されていない。で、たとえば、線虫のシーエレガンスで言えば、ブレナー*がシーエレガンスを使って仕事を始めたあの培養株というのは、エルスワース・ドガーティ*という人がアメリカで持っていたわけですが、彼はクマムシも持っていたんですよ。

——ふーん、そうなんだ。

鈴木　でもブレナーは、そのクマムシを見たかどうかはわかりません。もし見たとしても、分子生物学的な手法でやる動物ではないと思ったのかもしれない。本人はまだご存命なので、お会いする人がもしいれば、確認してもらいたいものです。まあ、クマムシはお呼びじゃなくて、線虫は素晴らしいということで、一気にいったんだと思いますが……。あれ、何でこんな話になったんでしたっけ?

——どうして、そういう個体生殖の研究を……。

鈴木　ああ、そうか。つまり、そういうことを調べようと思っても、調べる体制がなかなかなかった。クマムシの棲んでいる野外のコケを持ってきて、彼らの標本を作って——たとえば、幼虫の標本、成虫の標本、卵の標本とか——いろいろ並べてみて、どういうふうな生活史を持っているのかといったライフサイクルがどういうふうになっているのかを推定するしかないわけですね、そういう場合は。だから、まあ、やりにくいということです。実験動物として、維持しやすいものではなかった。

＊ブレナー（Sydney Brenner, 1927-）英国の分子生物学者。DNAによる遺伝暗号を解読した後、発生現象の分子機構を調べるために線虫の一種 ***C.elegans*** を対象とした研究系を確立した。二〇〇二年ノーベル医学生理学賞受賞。

＊ドガーティー（Ellsworth Charles Dougherty, 1921-1965）アメリカの動物学者。さまざまな微小動物の培養系を確立し、実験動物としての可能性を探ったが、四四歳という若さで亡くなった。

――たまたまということですか、たまたまそこをやっている人がいなかったのか。

鈴木　いや、やろうと思っても、難しかったということじゃないかな。『クマムシ?!』でも紹介したマルクス*といいうすごい人が、いろいろなことを書いていますが、彼自身が維持していたクマムシは、たぶん何かの水槽にコケや何かと一緒に入れて、何カ月かずっと飼いつないでいたとは思われます。しかし、こういった「水槽にコケや何かと一緒に入れて」という環境は顕微鏡で見ても、やぶの中をのぞいているようなもので、詳細はなかなか見えません。だから、生きている中でのいろいろなイベントというのは目に触れない。

――なるほど。

鈴木　それは言ってみれば、普通の野生動物でも一緒でしょう。大きな動物にしても、ジャングルの中にいるようなやつなら、生態の知られざる部分というのはいっぱいまだあるはずです。要するに、研究をするのが難しいということだと思います。興味が持たれなかったわけじゃなくて。

＊マルクス（Ernst Marcus, 1893-1968）　ドイツの動物学者。クマムシに関する著作（1929）はいまだに研究者必携の書である。彼はナチスのユダヤ人迫害によりベルリン大学から追われ、一九三六年にブラジルのサンパウロに渡った。コケムシあるいはウミウシの研究者としても知られる。

クマムシ研究者は世界で一〇〇人未満？

――ちなみに、この「クマムシ業界」というのは、今は世界中でどのぐらいの数の研究者がいるのですか？

鈴木　どうでしょうね、ちょっとはっきりとはわかりません。たとえば、国際シンポジウムに出てくる人数で言えば、たとえば前回、三年前のフロリダのときで五〇人ぐらいかな。

――そのぐらいの程度ですか。

鈴木　今回は、もうちょっと多かったかな。詳しい数字*が必要だったら数えればいいんですが、でも一〇〇人未満（？）です。そのぐらいのものです。

――日本では？

鈴木　日本では、分類をやれる人が、『クマムシ?!』にも書いてあるように、現役の分類学者は四人くらいいます。それで、ほかにクマムシのクリプトビオシス*関連の仕事をやっている人が東大に何人かおられます。でもそんな程度で、やっぱり数えるほどでしょうかね。興味を持っている方は、もっとたくさん潜在的にいっぱいいるんじゃないかなと思いますが……。

*第一〇回国際クマムシシンポジウム（二〇〇六年）の参加者は同伴者を含めて六三名。

*クリプトビオシス（cryptobiosis）「隠れた生命」の意。蘇生可能な「死」（無代謝の状態）を示す用語で一九五九年に英国のケイリンによって提唱された。

――『クマムシ?!』がたくさん売れたのは、たぶん一般の人が買ったからでしょうが、研究者の人でも読んでいる人がいるでしょうね。その方は、今は趣味として読んでいるけど、そのうち何かやってみようと思う人はたぶんいらっしゃるでしょうね。

鈴木　そうでしょう。まあ興味を持たれる持たれ方はたぶん相当な数だと思いますが、興味を持つのとそのための研究費が取れるかどうかというのは、まったく別の問題なので……。

――ああ、そうか……。

鈴木　だから研究のテーマになるというのは、科研費*の審査に通るかどうかとか、そういう少し生臭い話が絡んできますから（笑）。僕なんかは、ここで一匹狼でやっているからやりやすいわけです。これは、いわゆる昔で言う教養の生物学でしょう。そういうポジションにいる人の方が、クマムシの研究はやりやすいかもしれない。大きな研究室で、学生の研究テーマにするには難しい。

――そうなんですか。

鈴木　たとえば、「クマムシって寿命はどのぐらいか」という研究テーマだと、実験ではやりにくい。ずっと長い間飼ってクマムシの生態を観察して論文を書きなさいと言われたって、何年先にそれが完結するかわからないようでは、普通の大学院

＊科研費　科学研究費補助金の略。管轄は文部科学省あるいは学術振興会（JSPS）。研究者の価値は、研究業績もさることながら、このお金をどれだけ貰っているかによって判断されることも多い。採択率は約二五パーセントで、その判定結果には不公平感がつきまとう。

で学生のテーマとしてやるのは難しい。

——確かに。そうですね。

鈴木　だから、何か遺伝子のこれこれを調べて、ほかの生物では、どうなっているか比較せよみたいなテーマだとわりとやりやすい。

——なるほど。

鈴木　もう一つ、現在の産業に直結していないテーマというのも、難しいところもあります。たとえば、線虫だったら、もともと実験動物としてもてはやされる土台というのがあったわけです。回虫など、ああいう寄生虫の研究は大昔からあります。同じ仲間で、体のちっちゃい自由生活（寄生してない）をしていたのが「シーエレガンス」なので、情報の蓄積が全然違う。だけど、クマムシの場合は、「何やらすごいやつがいるらしい」というだけでずっと二〇〇年来ていますからね（笑）。（何か悪さをしている様子もないので）そのまま放っておかれても大丈夫だったというか、そういう要請がなかったということなんでしょう。

クマムシの化石

鈴木　でも生物の系統それ自体に興味が持たれている今は、そういう面白いポジションにいる動物ほど脚光を浴びるので、そういう方向からの関心の持たれ方というのは、しばらく前から、かなり上がってきていると感じています。

――『クマムシ?!』の中でアノマロカリス*を紹介されてましたが、ああいう話ですか？

鈴木　アノマロカリスや他の化石生物の話は単純に子供が喜ぶからという要素もあるけど、今は単純に化石をやっていた人たちだけのものじゃなくなっています。

――でも、化石で今まで見つかったのは三種だけとか……

鈴木　ああ、クマムシの化石ですか。

――ええ、ちょっとびっくりしました。まだ三種しか見つかっていないというので……。

鈴木　ちっちゃいからね。小さいから「微化石」というような言い方をします。小さいものを探すという研究はそれほど昔からはされていないので、見逃されているんですよ。今でも化石のくずの中を探せば、たぶんいろいろあるはずだけど調べ

*アノマロカリス（Anomalocaris）カンブリア紀に生息した大型肉食動物。発見当初は触角の部分のみがエビの仲間の化石だと誤解されて「奇妙なエビ」を意味する名称がつけられた。その後も、グールドの『ワンダフルライフ』などで、現存生物とはかけ離れた体制を持った怪物として扱われたが、最近では節足動物の一種だと考えられるようになっている。

られていない。

——どういう残り方になるんですか。クマムシの殻ってめったに残らないですよね。

鈴木　酸で化石全体を溶かすんです。

——ああ、僕は大学のときに有孔虫*を扱ったことがあるので。そのへんのやり方は知っています。

鈴木　そうですか。じゃあ、同じようなやり方かもしれない。有孔虫はリン酸あたりで溶かすんですか。

——ハンマーでおおざっぱに砕いたあとに、フッ酸で石を溶かします。

鈴木　その沈殿物を網か何かですくって、残っているものを見るということみたいですよ。

——はい。残渣を綺麗にしてそれを顕微鏡で見ながら面相筆で取っていきます。僕は、その作業が嫌で嫌でしょうがなかったんです（笑）。

鈴木　そういう研究をやっていると、クマムシの化石が出てくる可能性があるというわけです。

——それはクマムシのクチクラ*の表面に何かバイオミネラリゼーション*で、より石灰化しているやつがいるとか……？

*有孔虫　おもに石灰質でできた殻と網状仮足を持つアメーバ状の原生生物。化石種としては古生代のフズリナが有名。沖縄のおみやげ「星の砂」は現存の有孔虫の一種ホシズナの殻である。

*クチクラ（Cuticula）　キューティクル。体表などに分泌される固い膜用構造の総称。

*バイオミネラリゼーション（biomineralization）　生物が無機鉱物を作る作用。カニの甲羅（キチン）、ヒトの骨や歯（リン酸カルシウム）、サンゴの骨格や有孔虫の殻（炭酸カルシウム）などはすべて、この作用で作り出される。

鈴木　どういう条件で化石が残るのかはわからないけど、カンブリア紀の化石は、そういう方法でやっているみたいです。もっと最近の、白亜紀ぐらいになると琥珀の化石として残っています。

――ほとんど、もう今と同じ姿をしているというやつですね。

鈴木　写真を見てもらえばいい。ちょっと待ってくださいね……。（本を探す）

――クマムシって基本的に全部、何かにへばりついて暮らしているんですよね。

鈴木　そうですね。昆虫の琥珀の化石というのはよくありますよね。

――その中から、たまたま見つかるということですか。

鈴木　ほら、これです。これも本当に今のオニクマムシとそっくりです。一応、別の名前が付けられていますけど。

――丹念に探せば、あっという間にいっぱい見つかりそうな気がしますが……。

鈴木　小さいからむずかしいかもしれない。琥珀の化石の場合、たとえば昆虫だったら、ここにいる、あそこにいるとわかるけど、クマムシだと肉眼ではわからないので、いそうなところをかなり薄くスライスして磨いてスライドグラスの上に張り付けて、それで顕微鏡で見るというふうになる。

――見ている人が「クマムシ」そのものを知らないと、わからないでしょうね。

鈴木　そうですね。

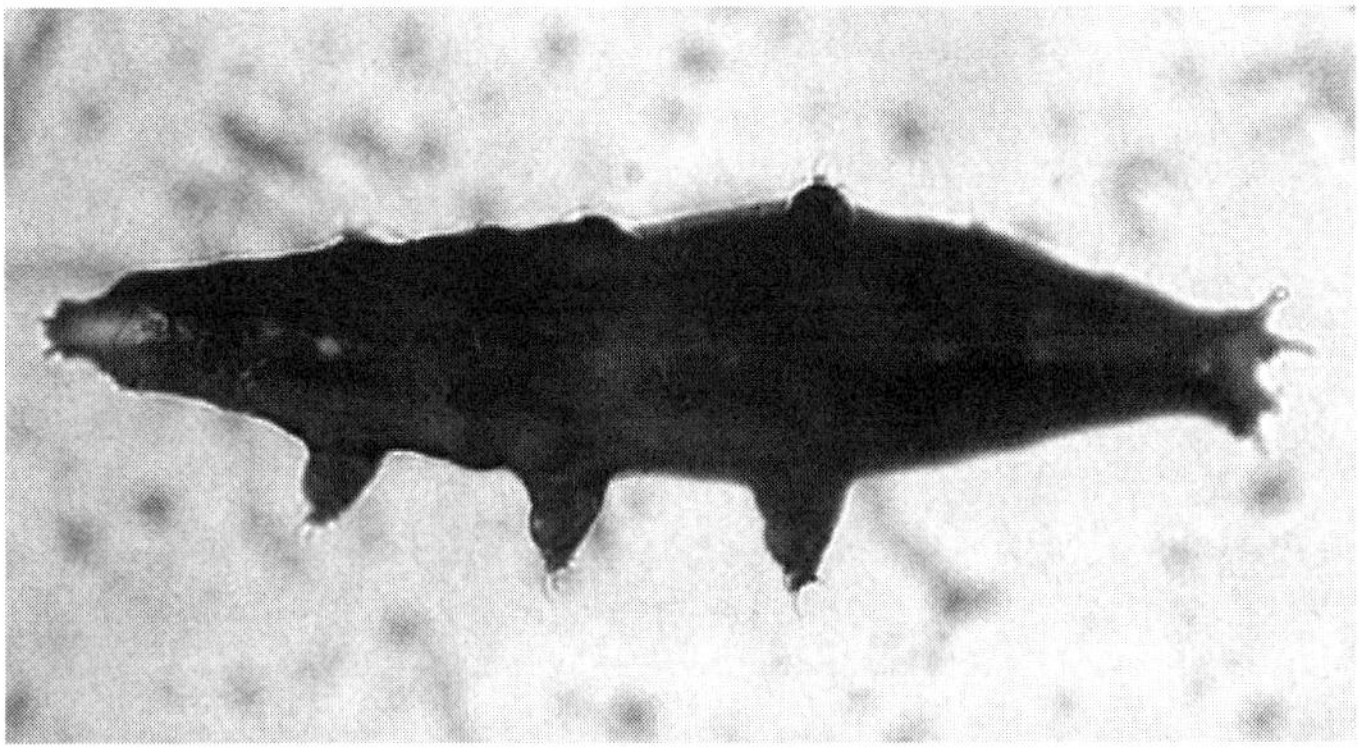

図6　琥珀に入ったクマムシの化石 *Milnesium swolenskyi*
白亜紀（9000万年前）、アメリカ合衆国ニュージャージー州。体長0.85ミリ。

――「これは何ですかね?」みたいな話になって、そのまま見逃されているのも結構いるんじゃないですか?

鈴木　それで一番最初の化石は何か虫みたいだというので、琥珀のコレクターというか琥珀の化石を研究していた人のコレクションをクマムシの専門家が見て、一つ記載したというのがあります。だいぶ前に一つあって、もう一つが最近で、あとカンブリア紀のやつがわりと最近にあります。

――それはバージェスとか＊、あるいは、中国の方にもあの時代のフィールドで有名な場所があったと思いますが、そういうところから取ってきて探しているんですか?

鈴木　バージェスではなかったと思いますけども、中国だったかな。

――最近、中国ではざくざく取れるみたいですね。

鈴木　そうだ、あれはシベリアの方だったと思います。

――シベリアですか。

鈴木　あっちこっちにそういうポイントがあるらしいです。確かあれはシベリアでした。

――アノマロカリスも足が付いているとかいうのは、確か中国のフィールドだったと思います。

＊バージェス（Burgess）　カナディアンロッキーのバージェスに産する頁岩《けつがん》から、多数の中期カンブリア紀化石が見つかっている。これらをバージェス頁岩動物群と呼ぶ。

鈴木　チェンジャン*のやつですね。

――ええ。

鈴木　あれも種類としては別らしい。だから一番最初に『カンブリア紀の怪物たち*』でコンウェイ・モリスなんかが記載していたのと同じものに足があったかどうかは、その辺はわからないですね。

――あの本が出たころは、すでにアノマロカリスは有爪動物*の何とかに似ているとか言われていましたよね。裏返してみると姿がよく似ていると。

鈴木　ただ、あのヒレをひらひらさせて泳いでいる姿がＣＧになった有名な、あのタイプと同じ種類に足があったかどうかというのは、本当のところはわかっていないんじゃないかな。

――本当にヒレを動かしていたか、それも怪しいと思いますが……。

鈴木　その辺もわからない。あれも要は想像図ですから。

――ええ。

鈴木　ただ、似たような形のものがいろいろなほかの仲間でも見つかっているので、何か機能していたのでしょうが……。たとえば、最近似たような雰囲気の「ケリグマケラ*」という変な名前のやつです。頭のあたりのとげとげが、たぶんトゲクマムシのこの辺のものと、ひょっとしたら相同なのかも、と考えられていたりして

＊チェンジャン（Chenjiang）　中国雲南省澄江（チェンジャン）の小高い丘から多数の前期カンブリア紀動物（澄江動物群）が見つかり、バージェス頁岩をも凌ぐ化石資料として研究が進められている。

＊カンブリア紀の怪物たち　スティーブン・ジェイ・グールド著『ワンダフルライフ』（早川書房）では、バージェス頁岩の動物群が、現存生物には見られない独特な体制を持つもの（怪物たち）として大きく扱われた。しかし、その後に発表されたサイモン・コンウェイ・モリスによる『カンブリア紀の怪物たち』（講談社）では、これらの多くは現存する生物の分類体系でも十分説明できるものたちとして解説されている。

＊有爪動物　カギムシの仲間。

＊ケリグマケラ（***Kerygmachela kierkegaardi***）グリーンランド北部で見つかった前期カンブリア紀の化石（シリウス・パセット動物群）の中から一九九三年に発表されたカンブリア紀の動物。

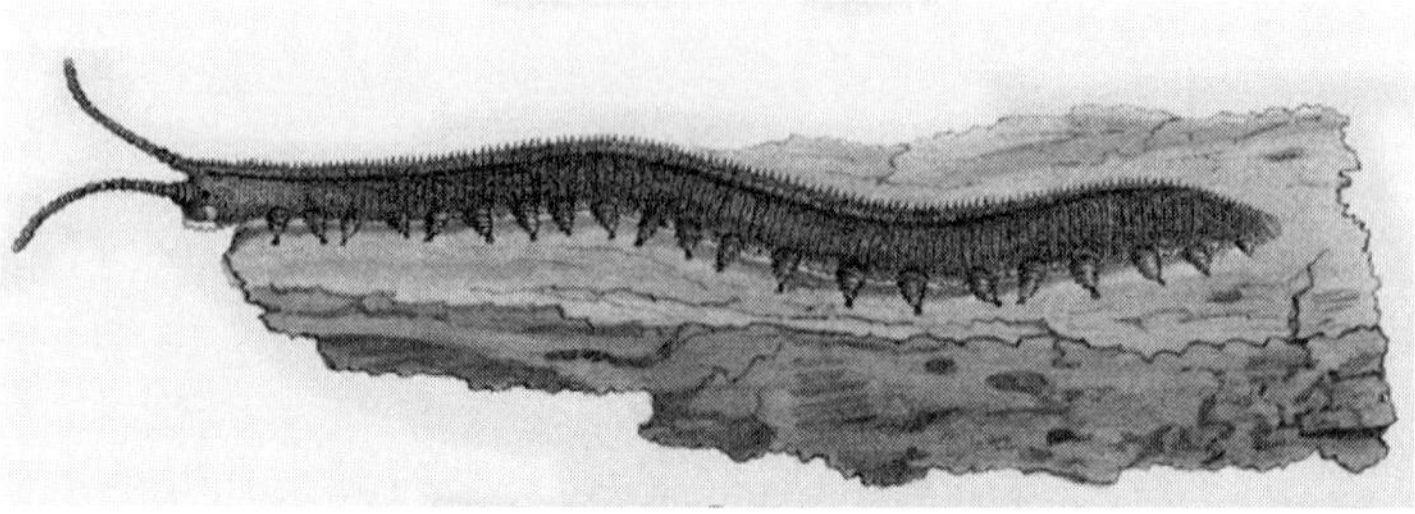

図7　カギムシ（有爪動物）
熱帯地方のジャングルで、朽ち木や落ち葉の下などに住む。大型種では体長20cm達するが、多くは5cm程度。現存種はすべて陸生。

……。僕は本当のところは詳しくありません。クマムシということだけで論文をサーベイしていると、こういう古生物が出てきたりする。直接、本当に比較されているというわけではなくて、ほかのと一緒にクマムシの話題の中で出てくるということですけど。

脱皮という特徴

――これに関連して、いま「脱皮する」ということが昆虫とかクマムシとか、節足動物の特徴とされていて、今、その点に注目した分類になりつつあるという話がありますが、そういう方向なのですか？

鈴木　脱皮ということに注目すると、動物全体を見渡して遺伝子の配列を使って門レベルの系統関係を調べるというような研究のときに、実は線虫というのは昆虫からそんなに離れているわけではなくて……、といった文脈の中で出てきたことです。そうすると、脱皮するという性質は共通なのではないかということです。共通そうなものってほかにはないですから……。そうすると、クマムシも脱皮して大きくなるものだし、もともと、昆虫なんかの節足動物には類縁が深いんじゃないかと考えられていたので、それは当然だろうということです。ただ、脱皮自体、つまりその現象自体が相同かどうかはわからない。

――それはまだわからないのですか?

鈴木　いやあ、はっきりと言えないですね。「脱皮する」ということだけは確かですが……。だけど脱皮という、その現象において根が一緒なのかどうかは、まだ研究されていません。はっきりわかっているのも、昆虫とか節足動物の一部だけですから、ほかの種に関しては全然手が付いていない状態です。

――なるほど、そうなんだ。じゃあ、腹側を神経が通っているといった共通点も、単に結果的に似ているだけかもしれない?

鈴木　その辺は、発生生物学でいろいろ研究されつつあるところです。クマムシとかカギムシで、明確な結論が出てくるのは、たぶんこれからだと思います。カギムシは大きいから、先になるかな。でもたとえば、HOX遺伝子*のような、ああいう体の形づくりの遺伝子の研究というのはここ十何年流行っていますから、体の仕組みの進化については、それこそ、ものすごくよく研究されているところです。

――はい。

鈴木　腹側に神経索があるというのは――我々のような脊索動物の系統とはまったく別の系統だという話で――、昔から言われている旧口動物*が共通して持ってい

*HOX遺伝子　体の形を決めるはたらきを持つ遺伝子群。それぞれの遺伝子内部にはホメオボックスと呼ばれる共通配列が存在する。

*旧口動物　胚の発生過程で、腸が形成される際の陥入部（原口）がそのまま成体の口となる動物。成体の口が原口に由来せず別に形成される新口動物と対比される。

る性質なので、クマムシもそうなるのは当然だというか、わかりやすい。要するに、そっちの系統の動物なんだろうなということです。旧口動物の共通の性質です。「何でそうなっているか」という仕組みの話は別として、解剖学的な特徴で分類するという立場で言えば、昔からわかっていたことですね。分子系統の仕事とも、そう矛盾はしていない。

——実際に、どういう遺伝子が、どういうステージで発現して……というような話は、これからですか……？

鈴木 クマムシではやられてないけど、ほかの動物でいろいろと研究されています。したがって、そういう研究は「やってみれば、やっぱりそうだったね」という結果になるんじゃないですか。

——確かに、そうかもしれませんね、そう言われるとそうかもしれない。

鈴木 だから、やりたい人がやればいいと思いますが、新しいことが出るかどうかはやってみないとわからない。

——そうでしょうね。

鈴木 似たような遺伝子が取れるんじゃないかな。取れて当然じゃないかなと思いますね。ただ、小さいから、そういう実験自体は難しいかもしれない。ショウジョウバエよりはるかに小さいわけですから……。そのような実験系を組める培養系がちゃんとできたら、その先はそういう研究をやろうと思えば、もうそろそろできるのかもしれないですが……。

——ふーむ。

海のクマムシを見たい

——じゃあ、今、先生ご自身が一番興味をお持ちなのは、まずクマムシの生活史を明らかにするということですか？

鈴木 それと、もっと解剖学的な記載をもっと掘り下げるということです。

——特に生殖器官とかにターゲットを絞って？

鈴木 そうです。あとは、もともと興味のあるのは海に行きたいんですよ。本人、自分自身がね。

——え？

鈴木 フィールドを海に持っていきたい。海のクマムシを見たいと思ってます。

——どうして海の方がいいんですか？

鈴木 海の方がいいというわけではなく、これまで仕事場として海に行くテーマを持っていなかったからです。もともと生物学を志す人は、最初にまず臨海実習とかをやるでしょう。

――やりますね。

鈴木　これが、大学の理学部の生物の原体験のようなものです。それよりもっと、子供のころから「潮だまりで遊びたい」ということもあります。いまだにそれをちょっとやりたいなと……。潮だまりで、いろいろ知らない生物を見て喜ぶ、ということをたまにはしたい（笑）。

――（笑）。

鈴木　海のクマムシをやっている研究者の人口は、世界的に見ても圧倒的に少ない。どこでやっているかというと、今すぐに思い浮かぶのは、イタリアの一ヵ所とデンマークの一ヵ所です。ほかにもまあ、あっちこっちでやりたがっている人はいるはずですが、継続的に研究結果を発表し続けているところは、それぐらいしかない。もう少しあるかもしれないし、漏れているかもしれないですが……。だから、新種だらけです。やればやるだけ、新しいものが出てくるし、要するに記載されていなかったものが出てくる可能性は高い。

――ふむ。

鈴木　でも僕は、分類学的な興味でそれをやりたいというだけではありません。

自分ですぐに分類の仕事をやるのは難しいので、それは専門家に任せなければいけない。普通に生物の研究で、たとえば「生物地理学」という分野――どういうようなものが、どのぐらいどういうところに分布しているか――もありますが、それすらクマムシではよくわかっていないのです。

――はい。

鈴木 昆虫のようなものだったら、大昔から大ざっぱな傾向はもうわかっているわけです。ですがクマムシの場合は、日本だったら、そういうような研究はないですしね。だから、この近くの臨海実験所で、どういうクマムシが採集されたといったことも、ほとんどされていないですね。ぽつんぽつんとした記録はあるにしても、手付かずの状態というか……。

――ほう。それこそ東大とかでやればいいんじゃないかという気もしますが……。

鈴木 だから僕は、三崎に行って自分でやろうかなと思っているんですけど。

――ええ、東大の三崎臨海実験所*がありますが、ああいうところではやっていないのですか?

鈴木 やる人がいない。

――そういうものなんですか?

＊三崎臨海実験所　三浦半島の先端、油壺にある東京大学の臨海実験所。日本で最初にできた。

鈴木　ええ。だから興味を持つ人はそこへ行ってやればいいのですが、調べてどの程度の結果が出るかどうかはやってみなければわかりません。でも、クマムシはいるはずです。ですから、どういう種類がいるのかという、せめてリスト作りから、まず始めないと……。今は何もないですから。

――ふーむ。

クマムシに関するアンバランスな知識
……知名度の高さと情報の豊かさ

――伺っていると、すごく不思議ですね。不思議というのは、全然わかっていないという部分が多い一方で、わかっていることは、ものすごく細かかったりするところがですが……。ものすごく古い論文に、かなり細かいことがもう書かれているような生き物なのに、わかってないことばかりという部分のアンバランスさがすごい。おまけに、一般の人も変に名前だけは知っている……。

鈴木　ええ。だから、なんだろうなあ……。たとえば、シーラカンスみたいなものは名前を誰でも知っているじゃないですか。だけど生態は知らない。生きた状態で捕まったのが、わりと最近ですから。

――ああ、なるほど。

鈴木　要するに、知名度の高さと情報の豊かさということは関係がない。それに付け加えて、知名度の高さと研究費が付くかどうかもあまり関係がない（笑）。人間の生活に直接影響があるかどうかということや、経済効果とかによって、研究テーマが自動的に決まっていくのが現状ですから……。「何が面白いか」という観点での研究対象の選択と、日本の科学技術の政策の方向とは、まったく独立して動いているわけです。そういう話は突っ込んで話し始めると、また面白いかもしれません。「科学的な興味」と「研究テーマをどう立てるべきか」ということとは別のものだと……。

――天文学みたいに、科学的興味だけで社会的に生存を許されているというか、ある程度のニッチを確保していて、たとえばすばる望遠鏡みたいに何百億円をつぎ込んでもオーケーとされるだけの規模を持っている学問がありますね。生物学もある程度、そういう社会的認知はあるのかと思っていたんですけど、まだまだ駄目なんでしょうか？

鈴木　うん、だからクマムシは、それで大丈夫なんじゃないかという気が僕はしているんですけどね（笑）。

――意外と許してくれるということですか。

鈴木　それは、やっぱり――。こうやってインタビューを受けていて、そういうことをべらべらどこまで言っていいのかよくわかりませんが……。

――まずければ、後で（テープ起こしの原稿を）適当に切ってください。個人的にはいつも申し上げていますが、言葉が足りなくなって誤解される可能性があるというだけなら、書き足してもらった方がうれしいなと思っています。

鈴木　そうですか。生物学の特殊事情かなと思うのは、もともと昔は生物学は応用面がそうクローズアップされていませんでした。生物学なんていうのは皇族のやるもので、といったイメージが僕らの学生のころにはちょっとありました。でも今、バイオテクノロジーの動きが爆発的に出てきた後は、そんなイメージとは全然関係なく、生物学は医学に直結するようになり、資源の有効利用にも直結してきて、すごく状況が変わってきています。逆に、たとえば『ドリトル先生』*とか『ファーブル昆虫記』*とか、ああいう素朴な興味だけで引っ張っていった時代のやり方は、やりにくくなっています。特に大学とか企業の研究所なんかはまさにそうです。当然なわけですが……。大きな研究費とマンパワーでやっていく現在の普通のスタイルの研究室だと、やりたくたってできない。

――はい。しかも、学生が論文を書きやすいテーマが、興隆しやすいという理由もあるでしょうね。

＊「ドリトル先生」　ヒュー・ロフティング作の児童文学のシリーズ名および主人公名。動物の言葉を話せるドリトル先生が動物たちとくりひろげる物語。

＊ジャン＝アンリ・ファーブル（**Jean-Henri Fabre**, 1923-1915）はフランスの昆虫学者。日本では『昆虫記』の著者としてあまりにも有名だが、フランス語圏では実はあまり知られていない。

鈴木　それは仕方ないですよね。また、そういうことで成り立つ分野も多い。だから、特に分子生物学関連の分野は、お金をがんがん使えなければやりたくてもできない。だから、それはそういうふうにやっていくしかないわけです。でも、そうじゃない分野が、別にそれで抹殺されちゃう必要もない。学問の興味からすれば面白さはいろいろなところにあるわけです。そこのところは積極的にアピールすればいいんじゃないかなと思っています。クマムシを始めてからは、結構、開き直ってやっています。科研費があまり通らなくたって、やれることはいっぱいある。でも、もらえた方がいいんだけど……。

――ええ（笑）。

鈴木　面白ければ、取りあえず第一歩目は大丈夫。というか、「面白い」と自分が本当に思わなかったらやる意味がない。どんな研究だって、そういうふうに思ってみんなやっているはずだけど、「でも本当にそう感じてやっているのかな」と感じることもあります。昔は、そういう雰囲気がいろいろありましたけど……。僕らの学生時代ぐらいまでは。お金はないけど面白いことをやっている人はいっぱいいたような気がするけど、今は影が薄いですね。どんどんそういうふうになっています。

――そうですか。

鈴木　「競争的資金を、いかに獲得するか」ということばかりがクローズアップされている。要するに「トップランナー」というのはそういう人たちのことで、そういう資金をどういうふうに獲得するかという戦術ばかりがもてはやされる。それはそれで、研究者としては必要な素質なので、なければ困るんだけど。だけど研究の「面白さ」は、それとは別だろうということですね。

――うん。先生の『クマムシ?!』を読んでいて僕が面白かったのは、一番最初に生き物を飼ったときに感じる素朴な驚きにあふれていて、ものすごく楽しく読みました。

鈴木 それだけでどこまで行けるか……。それだけだと、そろそろ弾を撃ち尽くしている（笑）。それが出発点にあって、また面白いことを次から次へと探っていくことができたらいいなとは思うんですが……。

オニクマムシの卵巣

――で、その中の一つが、生殖器官ですか。

鈴木 たとえば、これはオニクマムシの卵巣の断面を、ものすごく模式化したものです。

――ちなみにどっちが前で、どっちが後ろですか。

鈴木　あまり前後は関係ないですけど、でも、このもとになる写真を撮ったときの状態で言えば、こっちが前で、こっちが後ろです。しかし、どっちが前でもあまり関係ない。ここは、これ全体が卵巣で、卵巣が大きくなり始めているときを撮った写真です。こういう状態で、この辺に卵が大きくなってきたのかなと思うじゃないですか。でも、ちょうどこの時期を電子顕微鏡で見たのがこれです。卵が大きくなってきたのではない。多核の細胞の固まりが大きくなってきているんです。

――へえ～。

鈴木　これは卵じゃない。ここにちょっと大きくなり始めているところがありますが、こういうのが卵です。まるで芽が出たみたいな雰囲気です。出芽したみたいな形で、卵母細胞が生えていて、そのうちのどれかが卵になるわけです。

――全部つながっているんですか。

鈴木　つながっています。

――ふ～ん。

鈴木　この真ん中にある多核の固まりも、たまたま連続切片で全体像を把握できたのは、まだ一例だけですが……。

――あれ、そうなんですか。

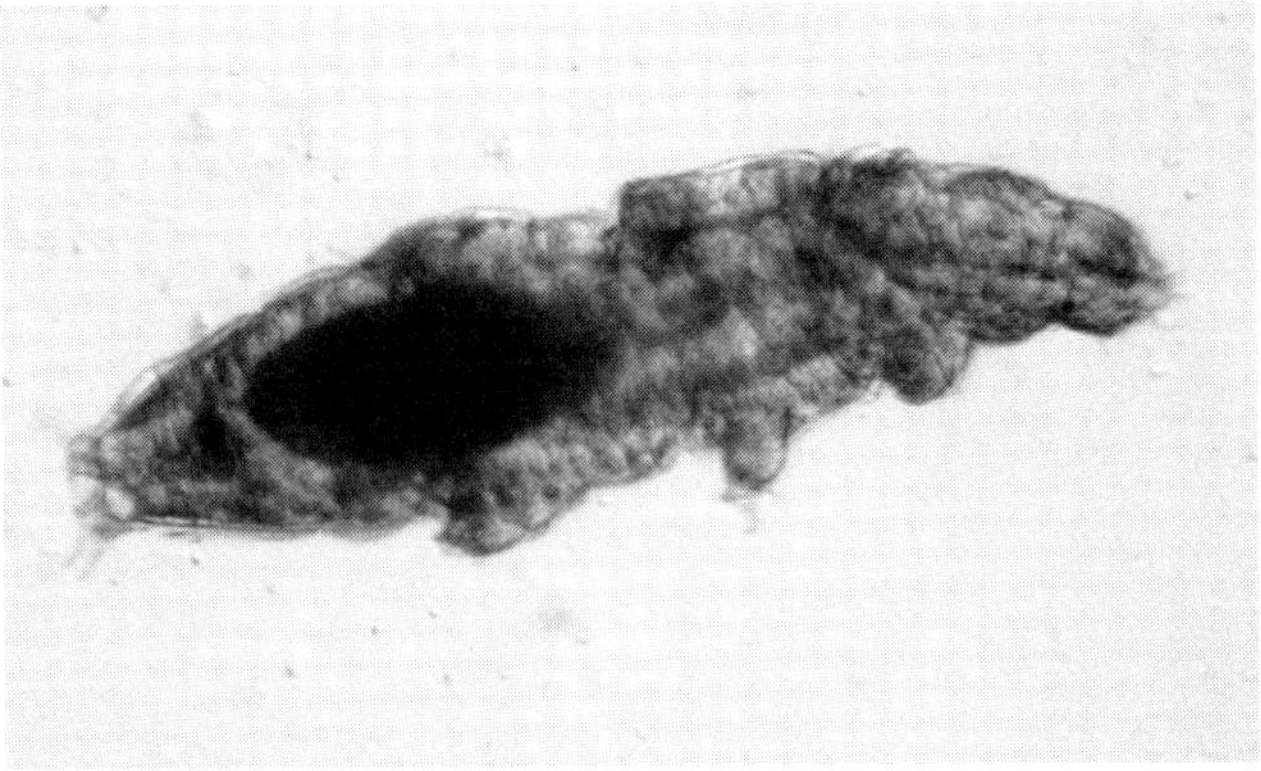

図8　卵巣が透けて見えるオニクマムシ
左の黒っぽい部分が卵巣。産卵直後の写真（図5、p.42）と比較してください。

鈴木　ちゃんと端から端まで全部見たのは、これ一つです。ただ、予備的な観察で、いくつかの標本を作ってみても、どれも似たような多核細胞がいくつかある状態なので。多核体の数が決まっているかどうかは、まだわかりません。この一例は、こういう多核の細胞が四つ組み合わさって、全部つながっている。そして、それぞれつながっている多核の細胞から、さらに単核の卵母細胞が、周りをぎっしり覆っている。その状態が、この写真です。

──その、覆っているのもつながっているわけでしょうか。

鈴木　多核体とつながっている。

──完全に分離しちゃうわけじゃないんですね。

鈴木　ええ。もともと卵母細胞とか精母細胞とか、この種の細胞は初めのうちはみんなつながっています。細胞質も完全にくびり切れることはない。だから栄養分は、そういう栄養細胞から分配されているんです。オニクマムシは、どうもこんなようになっているようだと言えますが、でもこれをもっと追究しないといけないとは思っています。

──その周りを覆っているやつのどれかが成熟していくわけですか。

鈴木　ええ。たまたま僕の見たオニクマムシでは、成熟中ではっきりとほかのとは違うやつが三つあったのでわかりました。この卵母細胞がちょっと大きくなり、

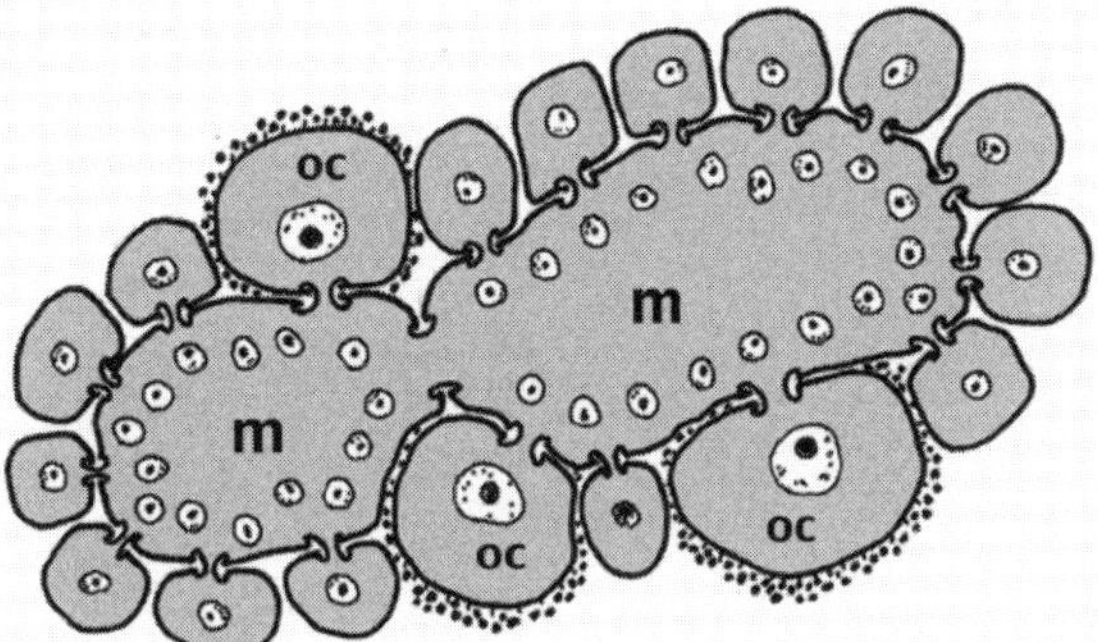

図9　オニクマムシ卵巣の模式図
大型の多核細胞（m）の周囲に単核の卵母細胞が連なっている。いくつかの卵母細胞（oc）は発達して卵となる。

核もほかのに比べて大きくい。その周りに粒々がいっぱい、こういう状態に見える。これが実際の写真で、周りにこういう粒々が見える。もうちょっと卵が大きくなった段階の写真を見ると、「コリオン」*というか卵の殻が見えます。卵の殻というか卵黄膜というか、どっちか僕はまだはっきり見てないので判然としませんが、そういうものにくっついてつながっていくような感じに見えるでしょう。

――はい。

鈴木　だから、こういう点々があるようなのは将来の卵であると予測できる。ここで写っているのでは、たとえば、これとか、いや違うか、これは違うな。これかな。ここに痕跡というか、点々が残っているところの断面がちょっと見えていますが、数えたところでは、こういうのが三つあったんです。

――それは何か分泌するんですか？　卵母細胞が、その顆粒みたいな粒々を……。

鈴木　昆虫の類だと、周りに「濾胞細胞」*という別の細胞があって、そっちから分泌しますが、クマムシの卵巣にははっきりとしたそういう細胞がないから、卵母細胞が直接出しているのかなと考えています。その辺もまだはっきりとはわからない。つまり、そういうようなレベルで、まだわからないわけです。

――ふーん。

＊コリオン（chorion）　卵膜あるいは卵殻を指す言葉。

＊濾胞細胞　卵細胞をとりまく細胞で、卵膜の素材などを供給する。

鈴木　でも、それはとにかく、ひたすら切って、いろいろなところを見てやらないとだめです。今のところ、はっきりとこういうふうにつかまえたのは、この段階のものだけです。透けて見える卵巣が大きくなっていくというのは、卵が大きくなってきたんだと最初は思っていたんです。しかし全然そうじゃない。卵が一個一個が大きくなるのはこの段階なんです。

――かなり大きくはっきり見えてからだと？

鈴木　ここら辺のほかの栄養分が一気に卵の方に行く時期があって、そこで急速に卵が成長するんじゃないかなと考えています。これが成長して、こっちは細っていって……。

――なるほど。

鈴木　その辺の一つのサイクルもわからない。産卵のサイクルというのは、だいたいこうやって外側から見ているのでは、一週間程度で一回ずつ卵ができてくるけど、実際の卵巣の中でどうなっているかは、それぞれの段階で切ってみないとわからない。単純に、卵巣の断面を見て、電子顕微鏡でのぞいて記載するというようなレベルの研究が全然されていない。それは、僕がやればやるだけ新しいことがわかるということになります。

――卵巣が大きくなるのは、シグナルか何かが入ってくるんですか？　それともあるサイクルで勝手に？　それもまだわからない？

鈴木　わかりません。誰もやっていないし……。ほかの動物ではどういうふうになっているかという情報を使って類推することは可能ですが、生物は、そういうところも多様なので……。だから似たような仕組みはあるかもしれないけども、同じような相同な分子を使われているかどうかまではもう全然わからない。それに、仕組み自体もそれぞれ多様なのかもしれない。そういうような研究は、昆虫のようなもっとポピュラーな対象でも、本当に気合いを入れてやっている研究者というのは、案外少ないんですよ。

――ええ。僕は昆虫の話が好きで、いろんな方に聞いて回ったりしているんですが、わかってないことばっかりみたいですね。すごく面白いと思うんですが。

鈴木　ものすごくわかっている部分と、その谷間、谷間に、あまりわからないままの「手付かずの部分」というのが結構ありますね。

――谷間？

鈴木　ええ。落ち穂拾いの、拾い残しみたいなところが、ごっそりと固まっているところがあるんです。そういうテーマは、昔の人が気付かなかったということではなくて、単純に面白そうだと思っても、手付かずというか、どうやってやったらいいのかわからない。現状では「置き去りにされた部分」です。でも、つまらないから置き去りにされたというわけではないんです。

——なるほど。

Part Ⅲ　研　究

以前の仕事は「ウズラの小腸に存在する中性糖脂質の単離精製と構造決定」

――先生は、糖脂質とか、その周辺の研究もやっていらっしゃったことがあるんですよね。

鈴木 ええ、ちょっとだけです。しかし、機能の研究ではありません。

――機能の研究じゃないというのは？

鈴木 機能的なことはみんな興味を持っていますが、僕が実際にやっていたのは、ウズラの小腸に存在する中性糖脂質の単離精製と構造決定といったテーマです。だから要するに、かなり化学的な研究です。糖脂質の脂質部分の分子種分析と、それから糖鎖の部分の糖鎖の配列決定と、そういうようなことをやっていた。「そういう多様なものがあるのは何のためにあるのか」といったことには興味があるけど、実際にはよくわからない。ただ、どういうようなものが、どういうふうに分布しているかというのも見てみると面白いんですね。そのとき一緒にやっていた先生のテーマを手伝って、僕もやっていたということです。だからまあ、研究手法とかについてはいろいろ見ているので、話は通じますけど。

――はい。

まだまだこれからのクリプトビオシス関連研究

——先生は基本的にクマムシの生き様について研究しているわけですが、やはりクリプトビオシスの話についても伺いたいと思います。ちょうど、いまいただいたこちらの資料に書かれているLEAたんぱく質（lateembryogenesis abundant タンパク質）というのは何ですか？「植物胚の発生後期、乾燥して休眠状態に入る際に発現する」とありますが。

鈴木　植物の種《たね》は、乾燥した状態で保存できる。紙袋に入れて何かの種って売っていますよね、あれは乾いた状態です。ああいう種ができていくときに、その完成間際の頃に発現してくる一連のタンパク質がもともと知られていて、そのようなものがクリプトビオシスを示す動物でも同じように見つかってきているんです。

——はい。

鈴木　ネムリユスリカ*でも、それは報告されています。ほかの動物でもいろいろ知られていて、クマムシでも今年のシンポジウム*で出てきました。「やっぱりありました」ということです。これからもう少し細かいことまでわかってくるかなと思います。

＊ネムリユスリカ　タンザニアの灼熱に焦げるような花崗岩のくぼみの水たまりで幼虫時代をおくるユスリカ。クリプトビオシス能を持つ動物としては最大といわれる。

＊第一〇回国際クマムシシンポジウム（一〇〇頁頭注参照）。

――それと、トレハロース＊の量とかも……？

鈴木　直接関係があるかどうか、それはわからないですね。あと、ヒート・ショック・タンパク＊も論文が出たのが数年前ですが、当然のように、そういうものも変動している。

――変動するというのは、どう変動している？　上がるんですか、下がるんですか。

鈴木　物によって、上がったり下がったりしている。具体的にははっきりしてくるのはこれからですね。この分子種でやったらこうなっていて、こっちはこうなっていました、という論文が出てきただけなので……。

――まだ関連がどうとかいう話ではない？

鈴木　総合的に、どういうふうに絡まり合っているかは、まったくこれからのことです。ゲノムの情報がまだないわけですから、それも含めて分子生物学的にどうなのかというのは、本に書きたくても何も材料がない。だから、そのことを『クマムシ?!』に「あえて書かなかった」というほどには材料は揃っておらず、本当のことを言えば、今は書いても面白くも何ともない状況なんです。

――ああ、なるほど。

鈴木　要するに素材としてはぽつぽつ出てきているけど、出始めている段階なの

＊トレハロース　ブドウ糖（グルコース）分子二つが一、一結合した二糖。昆虫類では血糖として存在するが、動物一般では比較的珍しい糖である。著しい凍結保護作用を持つことが知られる。

＊ヒート・ショック・タンパク　熱ショックタンパク質。高熱などのストレスが加わった時に合成が誘導されるタンパク質の総称。

で、まだそういうものを一章設けて書く段階ではないんですね。どれが当たりかもわからないし、そういう情報がふるいに掛けられて、将来的にどれが残るかもわからない。逆に、そういう研究をしている人たちにとっては、今は一番面白いときかもしれません。

――はい。

鈴木　ある程度ストーリーができちゃった後ですと――ほかの分野はいっぱいそういう分野がありますけど――、覚えきれないぐらいいろいろな分子の名前が出てきて、つつけばつつくほど新しいものが出てくる。だけど、おおかたはもうわかっているから、それこそ「重箱の隅」の話にどんどんなっていく。そういう意味で言えば、クマムシのクリプトビオシスは今、研究者にとってはものすごい興奮の連続かもしれないですね。

――ええ。それに興奮する人は、そうなんでしょうけどね。

鈴木　ただ、こういう本の中に書いて同じように面白がってもらえるかどうかはまた別の話で……。そういう意味では、あえてまったく書かない方がいいと思ったところもあります。でも、全然書かなかったわけではなく、何をみんなしようとしているのかというような、「入り口」は書いたつもりですけど、具体的な研究成果はまだこれからです。

――一般の人も、一番興味のあるところの一つは、たぶんこのクリプトビオシスにあると思うんですけど、乾燥して樽みたいになって、また元に戻ってくるというのは……。

鈴木　ええ。実際に不思議です。「からからの状態で、だけど生き返る状態」というのと、「からからで、本当に生きていない状態」との差は何かというのは面白いですよね。だから、室温で置いておくと、そのままの状態で半年たったら、オニクマムシの場合はだいたい生き返らないので、その間に生きているやつが死ぬわけですが、だけど、代謝がない状態で何でそれが起こるのかというのも、考えてみれば不思議なことです。だから生きている状態と、そうでない状態ということを考える材料としては面白いですね。

――はい。ああそうだ。あのとき*『日経サイエンス』編集部から、クリプトビオシスという言葉だけではわからないと言われて、最初に向こうは「休眠」と言ってきたんだけど、先生は「休眠」という言葉は注意して使った方がいいと書いているじゃないですか。それで僕は「休眠」というのはやめて、「無代謝」にした方がいいんじゃないかみたいなことを確か言ったような覚えがあります。今、言われて思い出したことですが（笑）。そういう言い方でいいんですか、無代謝の状態であると？

鈴木　無代謝というか、代謝が測定不可能な状態ということです。

＊『日経サイエンス』誌上での書評連載「森山和道の読書日記」のこと。

——あれは、水を掛けたら形は戻るんですよね？　死んでいるやつでも、にゅーって。それは物理的に——それこそラーメンにお湯を掛けたら戻る、みたいな感じで戻るわけですよね。でも、中身は違うわけですよね。

鈴木　ええ。中身は、もう生命がないわけですよ。だから、そこはどういう違いなのかというのは不思議です。

——それは、切ったやつを電子顕微鏡で見ても、違いは全然わからないんですか？

鈴木　そういう研究が論文として、これはこういうふうに違うでしょう、というようなデータが出ているのは見たことがないですね。誰かやっていれば論文があるはずですが……。

——物理的に、たぶん形態が元へ戻っていない細胞とかもあるでしょうから、そういうのがあったら、じゃあこれとが違います、って言えそうな気もしますが、そういうわけにもいかないんでしょうか。まだやっていないだけという感じですか？

鈴木　そうですね。

顕微鏡で微細形態を見る仕事は衰退している

鈴木　顕微鏡で見ればいいだろう、というふうに普通思うでしょう。見ればいいんですけど、見る人がいない。みんな忙しいのかどうか……。やればいいと思うんですけど……。顕微鏡を使った仕事で一番流行っていることというと、たとえば、クマムシの研究者の間でどういう場面で顕微鏡を使われているかというと、分類関係の研究者にとっては形が大事だから、走査型電子顕微鏡*（ＳＥＭ）で表面をいろいろ見て、ここにこんな穴が開いているとか、ここにこんな毛が生えているとかといった細かいことはたくさんやられています。だけど、切ってみて中の断面を見るというような研究は、それに比べると難しい。小さいものを確実に固定して、きれいに切ったものを見るというのは難しいんですよ、やっぱり。

――ええ。

鈴木　みんなやりたがらないというか、ほかにやるテーマがいっぱいあるものだから、そこまでいかないのかもしれない。だけど、誰かやりたい学生にテーマを与えて、三年間しこしこやるようにすれば、形態の研究としては、すごいものができるんじゃないかなとは思うんですけど。

＊走査型電子顕微鏡　電子線で試料の表面を走査することにより、微細な立体的構造を観察するための電子顕微鏡（電顕）。これに対し、組織切片を作って組織断面の微細構造を観る電顕を透過型電子顕微鏡という。

――連続切片を切って、一個一個書くような……?

鈴木　ええ。でもみんなやりたがらないですよね、地味過ぎて辛気くさい。

――失敗したら、やり直しですものね。

鈴木　ええ。それに、生物学の分野では、電子顕微鏡でそういう細かい微細形態をどんどんやっていくというタイプの仕事は衰退しているんですよ。

――ああ、そうなんですか。

鈴木　いまはデジカメが全盛というか、手軽に写真を撮れる時代になってますが、昔のきれいな写真と比較すると、とんでもない粗悪な顕微鏡写真が氾濫しています。論文の写真でも、昔に比べて質が落ちていることが多い。

――顕微鏡写真がですか? 何を撮っているのかわからないよみたいな写真が出てるとか?

鈴木　それはないですけど「わかるからいいじゃないか」という程度の……。昔の先生は、図一枚にしてもものすごく完成度を求めていて、顕微鏡写真でも「こんなの全然だめ、やり直し」という感じでした。とにかく美しい写真として、言ってみれば芸術的なところも要求する人がいましたよね。

――ええ。僕も卒論で化石の写真を撮らされたときに、先生から照明をちゃんと考えろとかなんとか、いろいろ言われました(笑)。

鈴木　そう、そういうことです。だからデジカメでちょいと撮って、ピクセルのギザギザがそのまま出ているようなものでは、もちろんだめなわけですけど、今は時々そういうのまでありますから。

――おっしゃることはよくわかります。それはたぶん編集とか、こういう出版業界でも同じです。みんなデジカメじゃないですか、本当にお金がないところは別ですけど、今、デジカメ時代になって、カメラマンを雇わなくなっています。そうなると、全体のレベルがどんどん下がっていく。写真をちゃんと見ることのできる編集者は多分減ってます。

鈴木　そうすると、素人レベルになっちゃってね。パソコンで文章を作るというワープロが普通に一般になると誰でも本が書けるみたいな幻想を持っていて、よく「ワープロを使いこなして、自分の本を出版しよう」みたいなＤＴＰの話は、一〇年ちょい前ぐらいに雑誌などによくありましたね。印刷業関連の僕の知り合いなんかと話していてもそうだし、そのころのＤＴＰの専門誌にも書いてあったけど、素人の仕事とプロの仕事ではレベルが違う。それが安直に流れて、どんどん粗悪品を作っているという部分が今はあるんですね。

――はい。

鈴木　電子顕微鏡で、美しい写真を撮っている人というのは、昔からそういうふうにやっていた年配の人たちが多い。そういうテーマは、なかなか生き残れないのかもしれない。やっぱり、分子生物学的な、エッペンドルフ*とピペットマン*を持ってやるような研究とか、無菌操作をするような仕事とか、そういうのが主流になったせいか、形態的な仕事があまりされていない。教育もされていないし……。

――ふーむ。

鈴木　そういうようなところでは、教える人もいない。微細形態を見たらどうなんだろうなと思っても、周りにそういう環境が少ないから、やりたくてもできない。やっている人が周りに全然いなければ、質問のしようもないし、実際に自分でやってみようとも思わない。

――ちなみに、『クマムシ?!』を出された後に、そういう研究者からのアプローチみたいなものは、若い人とか、あるいは別に年配の方でもいいんですけど、ありましたか？

鈴木　本が出たのが八月（二〇〇六年）で、たとえば、遺伝子的な仕事をこれからやっていこうという人とか、やりつつある人は、すでにそれより以前の段階で、何年か前からアプローチが来ていました。「クマグルミ」なんていうのを作っているところもありますが、あれは理化学研究所に勤めている人が趣味でやってるんです。

――「クマグルミ*」ってなんですか？

＊エッペンドルフ（Eppendorf）　実験機器メーカーの名称であるが、ここでは同社のエッペンチューブ（プラスチック製の容量1.5mL以下の小試験管）のこと。

＊ピペットマン（Pipetman）　ギルソン社の商品名だが、自動ピペットの通称として呼ばれる。分子生物学の実験ではエッペンチューブと共に象徴的な必需品といえる。これを持って研究に勤しむ大学院生のことを「ピペットマンの奴隷」と卑下した言い方もあるらしい。

＊クマグルミ　クマムシのぬいぐるみ。会津智幸氏が本業の研究の合間に手作りしている。AIZU工房 http://yossi.s20.xrea.com/ 参照。

鈴木　「クマグルミ」って、クマムシのぬいぐるみです。ほら、これ。

——ああ、岩波の本でもおまけに付けられていたやつですね。

鈴木　この方も、もともとこういうこと（手芸）をやっていた人というわけではないようです。『AERA』に掲載されたインタビュー記事を見ると、実物のオニクマムシを見て自分も好きになって、こういうものを作ってみようかと思い始めてミシンを買った、と言っていましたから。

——そのぬいぐるみは本屋でよく見ましたよ。

鈴木　そうですか。

——岩波書店が販促用に配っているんだと思いますけども。

鈴木　そうですか。それで話を戻すと、興味を持っている人はいるかもしれないけど、やれる環境があまりない。そういえば、ここ日吉は大学の理学部の大きな研究室とは違って、一般教養の生物学教員が寄り集まっている所帯なんですけど、電子顕微鏡を持っていて、そういう仕事をやろうと思えばできる。意外なことに、ほかの大学からそういう写真を撮りに来る人って、たまにみえたりしますが、やっぱり電子顕微鏡で写真を撮るというのは、特殊技術のままです。一般的にどこでもやっているわけではないみたいです。確かにおっくうな仕事ですから……。

——なるほど。バイオ系というか、生物系は、今はそういう方にどんどんいっち

図10　クマグルミ

やっているわけですね。

鈴木　モデル生物として研究が進んでいる線虫にしても、シーエレガンスの体を上手に固定して、その断面の写真をこういうふうに撮って、微細形態がどうのこうのといった研究をしている人というのはほとんどいない。最近、まだこの数年以内ですけど、線虫のエンブリオ*の断面像の研究が発表されていますが、こういうふうに固定してどうだったという、そういうレベルの研究が論文として掲載されるぐらいなので、どうやったら一番簡単にきれいに固定できるかということは、ひょっとしたらまだ改良の余地があるのかもしれません。

――ふーん。

分類も難しいクマムシ

――素人目からすると、クマムシの電子顕微鏡写真とかを見ると、この表面のぶつぶつは何なんだろうとか、そういうことの方がどうしても気になりますが……。

鈴木　こういうパターンはいろいろあって、表面の装飾みたいなもので分類されたりもしますが、何のためにあるかはよくわからない。そこからガス交換をしてい

＊エンブリオ（embryo）　胚。多細胞動物の個体発生における初期の時代。

るかどうかはわかりませんが、物質の出入りがありそうな穴があちこちにあり、そこからワックス状のものがヒューッとあって水が簡単に蒸発できないようになっているみたいな、そういう写真もあります。このあたりの物質がどういうようになっているか、といったことに興味を示している論文もあります。たとえば、樽になっていくときに、そういうところはどう変化しているか、といったことを追究しようとしているような論文もありますが、核心部分がよくわからない。物質的に、そこにはどういう分子があって、というような研究は、まだほとんどされていないし……。

――はい。

鈴木　ぼくは昔糖脂質の研究をやっていたと言いましたけど、クマムシはどういう糖脂質を持っているかなんてことは、誰からもまったく報告がありません。「それをやったところでどうなるの？」と言われたら、「どういうものがあるかがわかって面白いですね」というだけのことですが（笑）。でも化学の方の人は、昔はそういう感じのこと――この分類群の動物は、こういうタイプのセラミド*を持っているとかということ――を、網羅的にやっていく仕事があったんですけどね。クマムシは、いまだにそういう人の目にはとまっていないですね。

――ふーん……。表面のクチクラにしても、最近だとアリとかの話で、炭化水素

＊セラミド（ceramide）　細胞膜に存在する複合脂質にはグリセリンを疎水性成分として持つグリセロ脂質の他に、セラミドと呼ばれる分子を構成成分に持つスフィンゴ脂質（糖脂質やスフィンゴミエリン）がある。セラミド分子は脂肪酸とスフィンゴシン塩基から成り立ち、それぞれの炭素数や不飽和結合、水酸基の数などの違いによる分子多様性を含む。

で覆われていてそれでコミュニケーションしてるとかという話が出てくるじゃないですか。じゃあ、クマムシだとまだそういう研究はあまりないんですか。

鈴木　ええ、物の構造というと、物を集めなければいけないので……。ちっちゃなものをミリグラム単位で集めようと言われたら、みんな「それは難しいね」でおしまいです。

――でも逆に言えば、やればやるほど……。新種も、それこそ先ほどの「海で探せば」という話がありましたけど、山ほど見つかりそうですよね。

鈴木　新種は毎年、何十種類というか――具体的によくわかりませんが――、どんどん見つかっています。

――昆虫とかだったら、大ざっぱな分布と昆虫の形態の関係、その生態との関係とかがわかっているから、指標動物に使えるとかいった言い訳みたいなことも言えるけど、クマムシの場合は、そういうのも全然まだよくわからないのですか？

鈴木　たとえば、土壌動物の研究なら、土壌の指標として土壌動物の構成を見たりしています。だけどクマムシの場合は「このクマムシがいるから何とか」というほどにはわからないですね。クマムシがいるかどうかということが、その土壌がいい土壌かどうかということにつながるかどうかもよくわからない。

――今だと、こういう海岸とこういう形態のクマムシ、こういう岩場だと違う種類のクマムシが、こういう割合でいるとかいったことは、まだ全然わからないんですか？

鈴木　「全然」ではないかもしれません。デンマーク人とイタリア人がいろいろやっているので、こういうところにこういうのがいるということについては、彼らは知っています。ある程度……というか、ちょっとだけですが、そういうような分布に関する情報はありますが、ほかの生物でわかっているほどにはわかっていない。

——そうか。

鈴木　日本では、どこそこ沖にはどんなものがいるかとか、ぽつんぽつんとした点の記録としては、ほんの少しあります。たまたまそこに研究者がいたからにすぎないのですが……。

——なるほど。中学生の自由研究とかで流行らせれば、いろいろなことがわかってきたりするんじゃないですか。大ざっぱな分布とかなら。

鈴木　昆虫だったら、それはいいと思います。でも、クマムシは小さくてね。それなりの顕微鏡が必要だということで、アマチュアはなかなか手が出ない。顕微鏡っていっても、結構いいやつが必要ですから。クマムシは小さくて、おまけにみんな似たり寄ったりの姿をしているので、その分類は難しいんですよ。

——うーん。

鈴木　それ以前に、分類をできる人が少ない。僕が、これから努力して分類ができるようになるかどうかもわからないし。

――え、先生にして、そういう感じですか。

鈴木　まずは文献集めから必要でしょう。たとえば、手に入る文献で――（クマムシ分類の文献*を手にして）こういうような形をしたものがいると、それとこれは違うやつですが、こういうちょっとした違いで種類が分けられているわけです。

――それは、そもそも本当に違うんですか。

鈴木　これは違うものとして記載されています。別の種類の名前がつけられている。この口のところの構造は咽頭ですけど、そこにちょっと肥厚した部分があるとか……。他も、これもちょっと形が少し違うとか、何かこの比率がちょっと違うとか、それをいちいち全部、数値データとして記録して、統計処理をして、これとこれは違うんだなといった作業が必要なんです。それだとアマチュアにはあまり面白くないかもしれない。こんな具合に、違いを一生懸命探すわけです、研究者としては……。たとえ新しいことがわかったとしても、分類図鑑と照らし合わせてみて「新種発見!」となるほど、はっきりとしたことではないんですよ。でもある意味、それが分類の本質なのかもしれない。ちょっとずつ違う、だけどグループとしては明らかに統計的な有意差があるということで、これとこれは別のグループに分けら

*クマムシの分類文献　日本語で読める図鑑的なものとしては、今のところ『日本産土壌動物』（東海大学出版会、一九九九）しか見当たらない。

れていくわけです。

――うむ。クマムシの顔を一個一個見ていくような仕事ですね。

鈴木　真クマムシの場合はくにゃくにゃしているので、そういう比率というのは測定しにくいし……

――え、その「くにゃくにゃ」というのは、どういう基準なんですか?

鈴木　伸び縮みするような部分の形態測定データというのは当てにならないので、たとえば、脱皮したときに残るような硬い部分――今、言ったような口のところとか、つめの形とか――がよりどころになるんです。

――ふーん。それはちょっと昆虫に似ていますね。

鈴木　そうなんだけど、大きさがあまりにもちっちゃい。昆虫は、もう少し形の差がはっきりしてますが、もちろん、ものすごく分類の難しい昆虫のグループもあります。本当に、生殖器のちょっとした形でしか区別がつかないようなものがいる。クマムシは、みんなそのレベルなので、素人にはとても手が出ない。だから、いるかどうかをチェックするぐらいのことはできますが……。トゲクマムシみたいなのが、どこそこにいたというぐらいのレベルですね。

――なるほど。

いるかどうかすら、手付かず

――本にも出ている、海の底のおしゃれなクマムシという、この「第八回国際クマムシシンポジウム」*のマスコットとして使われたという、触角や飾りがいっぱい生えてる派手な種類は、めったにいないものなんですか?

鈴木　いや、調べればいるんじゃないですか。

――いるんだ（笑）?

鈴木　どこか、いそうな砂というのはわかっているようです。サンゴの粗っぽい砂とか、貝殻の砕けたような状態の粗っぽいところにいるようです。細かい砂の中だと窒息しちゃう。だから、ゴカイがいっぱいいるようなドロドロのところとかにはいない。わりと風通しのいいというか、要するに水の出入りが自由になるような粗っぽい砂を、ざくっとしゃくってきて、丹念に探すといるらしいんです。やっぱりみんな、本格的には探していないんじゃないですか。

――クマムシは基本的に全部底生なんですか?　浮遊性もいる?

鈴木　泳いでいるかどうかはわからない。プランクトンネットで引き回してもあまり出てこないです。

*国際クマムシシンポジウム　クマムシの国際的な学会組織は存在していないが、三年毎に国際シンポジウムが開催されている。二〇〇六年七月には第一〇回シンポジウムがシチリア島カターニアで開かれた。第一一回は二〇〇九年ドイツで予定されている。

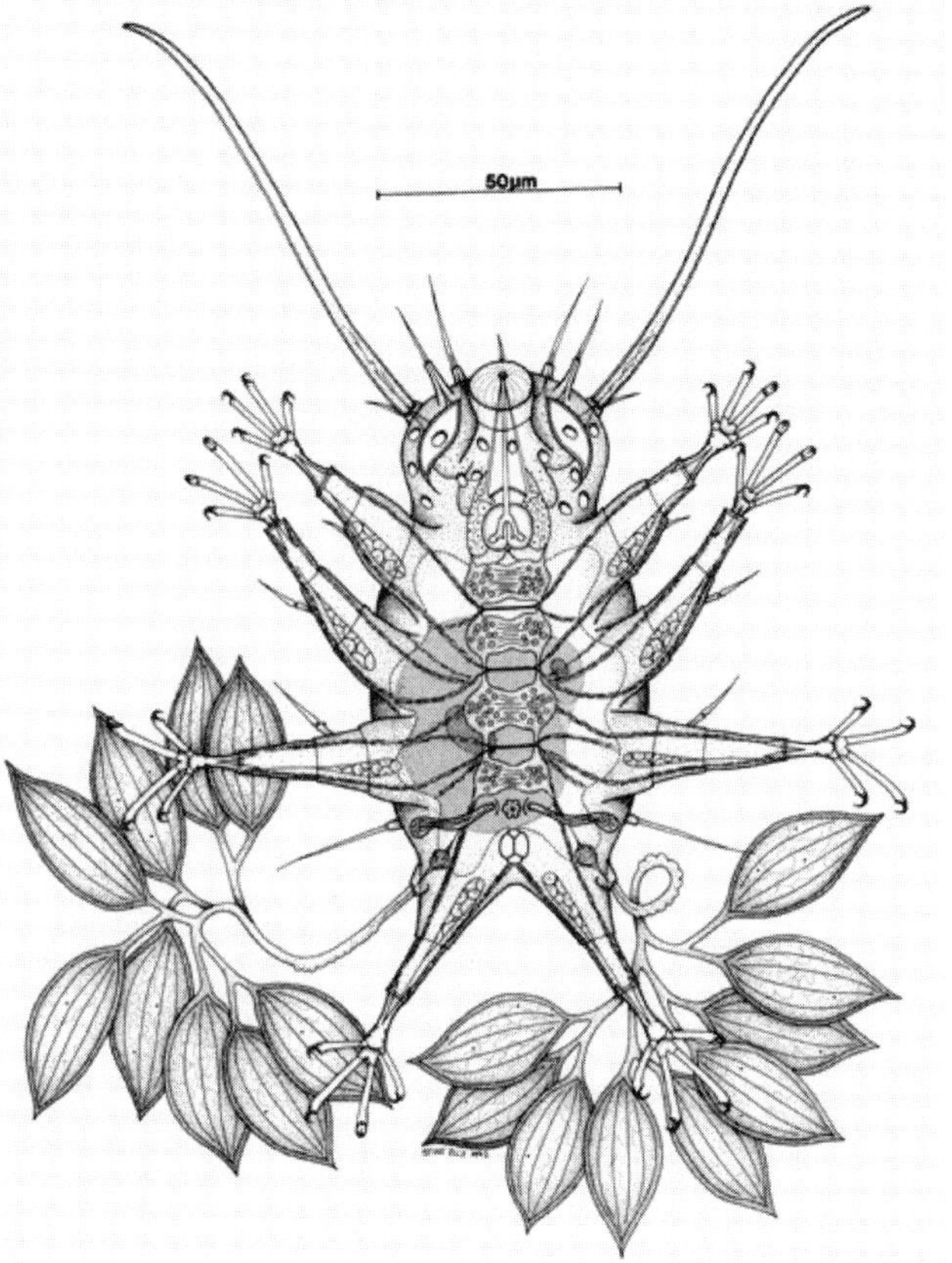

図11　*Tanarctus bubulubus*

この海底に住むおしゃれなクマムシが、第８回国際クマムシシンポジウムのマスコットとして使用された。長い触角、長い肢と鉤爪、そして何より葉っぱのような飾りが目をひく。

――これの足とかを見ていると、いかにも、しばらく浮いているような生活史というか、生活環を持っていてもおかしくないような外見ですが……。

鈴木　これは、僕が留学していた先にいたラインハルト・クリステンセン教授が見つけたクマムシです。彼が直接言っていたことですが、顕微鏡を見ていたらこれがいたんだそうです。それがふわーっと漂って、視野の中をひゅーっと流れて行った。何だと思ったら、そこに浮いていた。要するに、何かにつかまっていたら、それがぽろっと取れてしまったのでしょう。それをシャーレで見ていると、水の流れでぴゅーっと動いていったので、ひょっとしたらこのぴろぴろが浮遊のため役立つのかな、といった推測です。このぴらぴらは、やたらとピペットの中に引っ付いて絡み付くので、付着のため役立つこともあるかもしれません。野外で実際にどうなっているかは、もちろん確かめようがない。

――はい。

鈴木　海の潮だまり程度だったら、簡単に捕ってくることができるかもしれない。でも、三〇〇メートル潜ったところの砂とかいうと……。

――そんなところにもいるんですか？

鈴木　六〇〇〇メートルぐらいまでいるようです。名前が付いているかどうかは別として……。名前が付いているクマムシで一番深いのは四〇〇〇メートルぐらいのところにもいます。だから、調べれば調べるだけ、まだ見つかる可能性もあります。水深一万メートルになると、いるかどうかはわかりませんが。

——先生が今後、海の方もやっていきたいとおっしゃるのは、そういう深いやつですか。それとも沿岸みたいなところ？　それとも、あらゆるところ？

鈴木　まず沿岸や近いところから始めていくつもりです。フジツボの中とかも見たいし。一応こういうところにいると言われているあたりから……。海のクマムシを自分で捕まえたことがないので、まずそういうところから始めるつもりです。たとえば、相模湾の深いところに、どんなクマムシがいるのかといったデータはまったく発表されていません。相模湾の生物調査ってされていますが、クマムシのようなちっちゃなレベルのものは見逃しているんです。たぶん、ドレッジ*をやるにしても、それ用のサンプルの調整をしないと……。要するに、すり抜けて全部どこかへ捨てられちゃっている。それはあまりにももったいない話で、そういう採集のときに調査項目として加えてもらえばいいわけです。そういう機会があるんだったら見てみたいなとは思うんですけど。

——はい。

鈴木　すぐ同定するのは難しいかもしれないけど、とにかく標本を確保して、将来に備えることはできるわけです。僕が行っていたデンマークの博物館には、深海

＊ドレッジ（dredge）　金属製の円筒あるいは箱形容器で海底を引きずって海底の岩石や砂泥などを採集する方法。底生動物を採集するためにも用いられる。

の生物を専門にする人がたくさんいます。大学院生が研究を継続して進めていますが、彼らが研究しているサンプルというのは、一〇年前、二〇年前のどこそこのプロジェクトで取ってきて保存されているものです。まだ、手付かずの標本がそこには山のようにあるわけです。そういうサンプルを取り出して「じゃあ、君はこのテーマ」ということで渡された学生が一生懸命調べている。だから、採集できるときにサンプルを取って保存しないといけないですね。

――ええ。

鈴木　生物同士に国境なんてないわけだから、海の生物というのは、それを研究テーマとしてやっている人との交流の中で共通財産として標本を保管すべきです。それから生物の記載なども抱え込むんじゃなくて情報交換すべきです。いま、博物館学が、やっと日本でもやらなければいけないこととして、テーマになったりしていますが……。科研費の細目にも博物館の項目が今回できましたけど、日本は、そういうところがあまりにも遅れ過ぎちゃっています。とにかく標本を確保するところから始めなければいけない。その種のことは、そのつもりで誰かが動かないと話が進まないので、それなら僕でもできるかなとは思います。

――はい。

鈴木　だから臨海実験所のあっちこっちに採集場所を確保して、といったことはこれからの話です（笑）。それができたらいいなとは思っています。海のクマムシの生活史をすぐに解明することになるかどうかはわかりませんが、まず、いるかどうかを調べるところからしか始められない。海の方は、まだそういう段階だと思いますね。

――なるほど。いろいろな種類がいることがわかってくると、逆に、そこで初めてこの一種の特異性がわかるとかということがありますよね？

鈴木　そうです。多様性とか言っていても、元のデータが何もなかったら話は始まらんもんね。

――そうですよねえ……。

鈴木　いるかどうかすら、まず手付かず。

――いろいろな意味で、不思議な生き物ですね。わかっているものはわかっているんだけど、わかっていないものはほとんどわかっていない……。

鈴木　そういうニッチにいるというか……。

――まさに日陰者というか、コケの中で、ひっそりと暮らしているわけですよね。

鈴木　そうですね。いないことにされている。

――人間、知らないものは見えないですしね。

鈴木　そうですね。

普通に見られる⁉

――一番最初、先生が二〇〇〇年の一月四日に採ったというクマムシがいたコケというのは、この建物（慶応大学日吉キャンパスの研究室）に生えていたんですか。

鈴木　それは、そこのベランダに生えていたコケだったかな。『朝日新聞』の書評に掲載されたのは屋上のコケですけど、要するに、そこら辺に生えていたやつです。

――本の中の記述だと、まるで天啓のように「よし、やってみるか」みたいな調子でクマムシの研究を始めたことになっています。でも、そもそもどうしてクマムシをやってみようということになったんですか？

鈴木　『クマムシ?!』にも書きましたけど、もともと興味があって、自分で見たいなと思っていたんです。そこにも書きましたが海岸動物図鑑*に載っていたけど本当にいるのかと思っていたんです。

――ああ、その本に出ていたというやつですか。

鈴木　これです。

――拝見します。これは確かになんだかわからない不思議な絵ですね。先生の本にも引用されていましたっけ？

*西村三郎・鈴木克美共著『海岸動物』《標準原色図鑑全集16》保育社（一九七一）

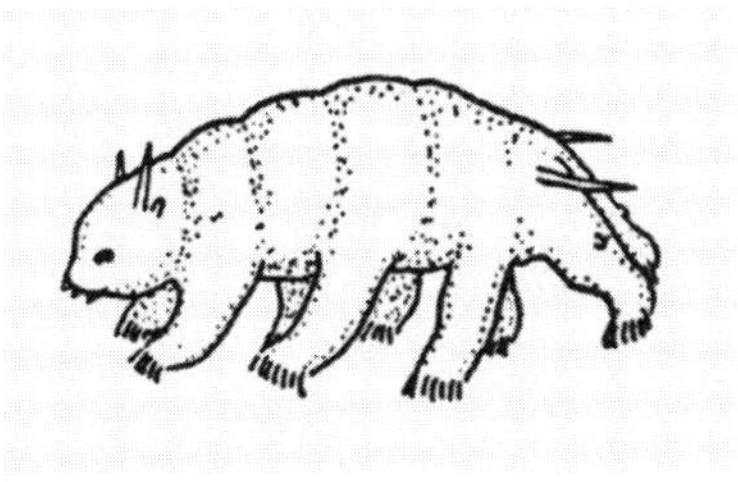

図12　イソトゲクマムシの図

鈴木　ええ。引用させてもらいました。

――「緩歩動物門、興味深い仲間」。

鈴木　たったこれだけの記述です。本当にこんな形のものがいるのかという感じですよね。

――確かに。

鈴木　また、この絵をどなたが描いたのかわからないですが、イソトゲクマムシとして記載されている絵とも、かなり違います。ものすごくデフォルメされている。

――（笑）。「クマムシ」という四対の肢を持った、クマと虫を混ぜたような虫を描いてくれと言われて、何も見ずに描いたような絵ですよね。

鈴木　ただ、もともとの原記載のイソトゲクマムシはこっちですが、最初からちょっとユーモラスです。これを引用したリヒタースという人の本の絵がこれですけど、これもまたかわいらしいですよ。

――もっこりしていますね。

鈴木　それに比べると、ちょっと横から見たこれは、元の絵がどこにあったのかわからない。

――ホッキョクグマを八本足にしたみたいな感じですね（笑）。

鈴木　クマそのままみたいですよね。こういうのから……ちょっと描いたんじゃないかなあ。ひょっとしたらこっちを見たのかもしれない。これか、元はこれかもしれないいな。ここにとげも生やしているし……。たとえば、ここのとげがわからないけどね。

――そうですよね。

鈴木　でも、たぶん元はこれだな。とにかくマルクスの本というのは、クマムシの絵のほとんどの、受け売りの出どころですから。

――「我が国の海岸で、普通に見られるものでイソトゲクマムシがある」と書かれてますね。

鈴木　「普通に見られる」というけど、普通にどの程度の人が見ているかは、ちょっと不明ですよ。

――そうですよね（笑）。

鈴木　どこの海岸で、どれだけ記録があるかというと、ほとんどないわけですから。

――実際に、アオノリの上にいるんですか？

鈴木　と、いうふうに書いてあるけど、どうもよくわからないんです。初期の海外の文献にはそのように書かれていますが、一九五〇年代にはすでにそれが疑問視され始めている。ムール貝やフジツボに共生している、ということが言われ始めていて、アオノリの上にいたのは「たまたま」だったのかもしれない、と。それに日本のイソトゲクマムシとしてのはっきりとした記載論文はないみたいです。だから、この図鑑の記述は古い文献の単なる引用か、それとも野外、フィールドで見たことのある人の話として書いているのかもしれない。

――「いるらしいよ」みたいな話ですか？

鈴木　「見たよ」とかという程度のことは、ひょっとしたら現場ではあるのかもしれない。学生実習や臨海実習のときに出てくるとかというような話としてはあるのかもしれないけど、記録例として文献にはない。文献にあるとしたら、こういう伝え聞きみたいな形であるだけで……。

――それは実在の生き物というよりは、妖怪とかの記載の仕方に似ていますよね。

鈴木　そうです（笑）。

――伝え聞き、伝聞かあ（笑）。

鈴木　でも、これを僕は大学一年生のときにこの本で見たわけです。生物をやっていた友達の間でも「クマムシ？　何だあ、これは？」という感じの話題にはしていたものです。「面白いよね、どこにいるんだろうね」ということで……。学生のころはそれでおしまいになった。

――そういう人は、たぶんすごく多いんじゃないですかね。

鈴木　と思います。

――だからそういう人は、たぶん先生の本を読んで、なるほど実際そうなのかと、今まさにそう思っているかもしれない。

鈴木　普通にコケの中にいるクマムシなら、実体顕微鏡が手近にある人だったら本当にそのつもりになればすぐ見られます。二〇〇六年八月に『クマムシ?!』を出して、昔の同僚からもこの話題でメールが来て「この通りにやってみたら本当に見られた」といった話があちこちからありました。要するに、探す気になればそれほど珍しいものではないということです。

――高校とか中学校とかの科学部の生徒なら、今ごろ見ているんじゃないですかね？

鈴木　と思いますね。

――先生が「見てみよう」って指導をするだろうし。

鈴木　それに、この程度のことだけでも書いてあれば、理科の先生だったら、やってみればすぐできます。

――僕が科学部にいたら絶対やっています（笑）。

鈴木　百発百中で当たるということはないけど、あっちこっちからコケをとってきて観察してみれば、クマムシを見ることはできます。たとば、宇津木先生が……

＊宇津木和夫　日本のクマムシ分類学者。元・東京女子医大教授。

――宇津木先生？

鈴木　宇津木先生は『クマムシ?!』にもお名前を出した日本のクマムシ分類学者です。＊彼が昔書いた、日本のコケの中にいるクマムシ・リストの日本語の論文には、だいたい二～三割の確率で出てくるといったことが書いてあります。

――ふーん。

鈴木　コケの種類によっても、たぶんクマムシが好みそうなコケと、そうでないのというのはありそうです。クマムシが隠れるのに都合のいい、そんなにすぐに乾燥しないように葉っぱが密生しているタイプとか……。乾燥したときに葉っぱがきゅっと覆ってくれるようなタイプのコケにはいそうだけど、そのコケの汁を吸うとうまいからというよりは、たぶん乾燥耐性と関係しているかもしれないですね。いそうなコケと、そうでないコケというのはあるようですが、ただ厳密にこの種類のコケには、このクマムシがいるというものでもないらしい。とにかく、しつこくやっていれば、わりと簡単に見つかる。

――そういう、コケの間に住んでいるクマムシは、そのコケの汁を吸うというのと、あと……。

鈴木　同じように、コケの間に住んでいるほかの生物を食うやつ。

――それは、それぞれ種類は別ですか？

鈴木 そう、別です。

——草食と肉食みたいなことですか？

鈴木 そうです。オニクマムシは肉食です。

——なるほど。クマムシにも、そういう生態があるわけですね。

鈴木 土壌中のクマムシは、実際のところ何を食っているのよくわからない。バクテリアを食っているのかもしれないし、何かの汁を吸っているのかもしれない。線虫を食うクマムシも何種類かいるらしく、でかい線虫にしがみついて食べているというクマムシの写真もあります。昔は、オニクマムシだけが肉食と言われていたこともあります。調べてみると線虫を食べるようなクマムシというのが、たくさんいるのかもしれません。

——ふーん。じゃあ、線虫とかも捕まえたら食っちゃうんだ。クマムシは結構大食いなんですね。

鈴木 でしょうね。線虫に食われるクマムシもいます。肉食性のでかい線虫もいっぱいいるので、そういう線虫はクマムシの敵にもなり得る。ワムシを食っているオニクマムシもいるけど、ワムシに食われるやつもいるかもしれない。その辺はわからないですね。肉食性のワムシというのがどの程度いるのかについては僕は詳しく知りません。

コケの中の微細な生態系の中での絡まり合い

――話が戻りますが、何が必須栄養素かとかはあまりまだわかってないですよね？

鈴木　クマムシが何を好むかもあまりわかりませんが、今年（二〇〇六年）の国際シンポジウムのポスター発表で面白い研究がありました。クマムシをすりつぶして遺伝子を調べて、何を食っているかを推定するという研究で、どういう微生物が好みなのかをクマムシのおなかの中の遺伝子で探すという研究です。

――なるほど。

鈴木　でもそれは、まだ論文としては発表されていないかな。こういったクマムシの嗜好に関するデータというのはあまりないですね。素人的な興味としては、それも面白い。クマムシは何が好きなのかとか……。単純にクマムシが、たとえばワムシを一〇匹食べたとして、消化にかかる時間はどのくらいなのかといったこともわからない。生涯にどれだけの量を食っているのか――要するに、経済学的な部分もわからない。これはとても面白いので、僕はやりたいなと思うんですけど。

――そうですね。面白いです。

鈴木 コケの中の微細な生態系の中でのつながり——ほかの生態系に比べると単純な生態系かもしれないけど——を、数値的な関係としてどうなっているか調べる研究をやろうと思うと、相当の手間の仕事になるでしょうね。でも、それを推定するデータは、実験室で飼っているやつからある程度は材料としては出せるかもしれない。

——なるほど。腸内共生バクテリアとかがどうなっているのかも気になりますね。特にクリプトビオシス状態では、彼らはどうなるんですか?

鈴木 同じように乾いているんでしょうね。

——でも復活するんですか?

鈴木 知りません。

——わからないんですよね。

鈴木 腸内細菌*に関しては、まったくデータがない。

——これが昆虫だと、よく中途半端に自分のオルガネラ*になりつつあるようなやつもいるじゃないですか。たとえば、アブラムシとか。

鈴木 ええ。

——そういうのもあるかもしれないし、ないかもしれませんが。

鈴木 あるかもしれないですよね。

＊腸内細菌　動物の消化管には通常おびただしい数のバクテリア（細菌）が棲み着いている。それらは寄生者ばかりでなく、宿主の生活に不可欠な役割を持つ共生者も少なからず存在する。

＊オルガネラ（**organelle**）　細胞小器官のこと。それらのうち葉緑体やミトコンドリアは、バクテリアが細胞内共生した結果として誕生したと考えられている。

――そのあたりはどうなっているんでしょうね。というか、必須栄養素とかを作っている腸内細菌もいるかもしれないですよね？

鈴木　かもしれないですね。

――で、もし、クリプトビオシスになったときに、腸内細菌が乾いてしまうのであれば、もう一回どこかから取り入れないといけないということになりますよね。

鈴木　でも、そこはそれこそバクテリアですから、殻をかぶって休眠状態――「休眠」という言葉が適切かどうかはわかりませんが――で、つまり停滞した状態でしのぐことは、もともと得意な連中ですからね。

――そうですね。そもそも、死んでいるのと生きているのの差がわからないというのが不思議ですよね。

鈴木　クリプトビオシスの興味でいえば、たとえば、クマムシのゲノムを解析すると、その能力のあるやつとないやつとで差があるとか、この分子一つの差でクリプトビオシス能力が獲得できましたというストーリーがあると面白いのですが……。それも、たぶんないですね。進化のいろいろな経路の中で、何かを振り分けて運用することによってクリプトビオシスができるようになってきたといったことだと思いますが、その「何か」が、本当にキーになる遺伝子一個だけなのかどうか、その辺はわかりません。いろいろな生物でクリプトビオシス能力はあるし……。そう簡単にはわからないんじゃないかなと思いますね。『クマムシ?!』でも、そう簡単にわかるとは思わないと書きましたけど、かなり難しいんじゃないかな。ただ逆に、クマムシのゲノムプロジェクトを進める原動力にはなりますよね。

——はい。確かにそう簡単にはわからないとは思いますが、一方で、いろいろな生物がこの能力を持っているわけですね。ということは、生命というか細胞というか、結構普遍的な性質にある程度かかわっている部分もあるのだろうという気はしますね。ここをちゃんとロックして守っておけば大丈夫という部分が何かしらあるとか、ここは折り畳みができるとか……。

鈴木　わからないですね。

Part Ⅳ　教　育

クマムシ研究に移った本当の理由

――先生は、クマムシの前は精子形成の研究をしていたわけですね。そこからまったく別の分野にいくのは、結構、勇気がいりませんでしたか？

鈴木　まあね。僕は、日吉に来てから精子形成の研究を始めました。名古屋大学の大学院を出てから、浜松医大に三年間いましたが、そのときはウズラの糖脂質の研究をしていました。それから日吉に移ってきて初めはその研究の続きをやっていましたが、研究環境が変わって、たとえば、マススペクトル*やNMR*などの手法による機器分析的なことは自前ではできなくなりました。もともと僕は昆虫への興味がより強かったので、研究材料を変えようかなと機会をうかがっていたんです。それで、日吉へ来たときにコオロギの精子形成に関する研究を始めたんです。その研究でいくつか論文を書いた。それまで学位を持たないままで、どこかのタイミングで学位をとらなくてはと思ってましたが、結局、学生のころからやっていたテーマは、ぽしゃっちゃって……。日吉に来てから始めた精子形成の仕事で学位論文をまとめました。学位を出してくれたのが金沢大学で、そこで学位を取って、一応まあ、一段落ですね。

*マススペクトル（mass spectrum）　分子構造の分析法の一つマススペクトログラフィー（質量分析法）によって得られるデータ。質量スペクトル。

*NMR（nuclear magnetic resonance）　核磁気共鳴法。医療の分野などでは核磁気共鳴画像法MRI（magnetic resonance imaging）として知られる。

――ええ。

鈴木　学位論文のテーマは、昆虫の精子形成の組織化学的なものです。その後、どういうことをやっていくかといろいろ考えました。昆虫の精子形成をインビトロ＊で見ていって、それまで見ていたような細胞表面の糖鎖の変化とか、そういう変化していく糖鎖が機能的にどういう意味があるのかとか、そういうような研究をしようとその当時は考えていたんです。けれど、そういうようなことで研究費を申請しても通らない。その状況は、ものすごくつまらない。

――ほう……。

鈴木　その線でやっていても通るテーマとか何かないかなと考えましたが、研究費がもらえないことにはどうしようもない。おそらくこの種の研究というのは、人とか、マウスとか、そういうような方面でものすごく研究が進んでいるので、似たようなことでは、それをもう昆虫を使ってやっても画期的とは認められないし……。見たいことはいろいろあっても、やっぱり、どうしてもつまらない。生化学的な分析とか、もっと遺伝子的な分析などをやろうと思えばお金がいりますから、そういう意味で評価をしてくれる見込みがなかったら、やりたくてもできないです。

――はい。

鈴木　それで、どんどんつまらなくなっちゃって。だから『クマムシ?!』の中で

＊インビトロ（**in vitro**）　ラテン語でガラス（試験管）の中で、の意味。**in vivo**（生体内で）と対比される。

は「つまらなくなったから、ほかのことを探していたわけじゃない」と書きましたけども、気分的にはちょっとそういうこともありました。もっと面白いことをやりたい。僕は生物学を選んだときに、別に遺伝子とか、分子の探究とかを志したわけじゃなくて、単純に生き物好きだったんです。そういうような方向での可能性というのはまったくないのかなと考えました。

――ええ。

面白い生き物を探してきて、ずっと付き合いたかった

鈴木　僕が、生物学を目指したときの一つのきっかけとしては、ムツゴロウさんの話とかがありました。

――え？　あのムツゴロウさんですか？

鈴木　ええ。『ムツゴロウの博物誌』*で、畑正憲さんの本です。最近はもうあまりテレビに出ておられないけど、ムツゴロウ動物王国の人です。彼は東大の動物の出身で、いろいろ面白い話を書いています。

――そうだったんですか、初めて知りました。本は面白いんですか？

*『ムツゴロウの博物誌』畑正憲（毎日新聞社、一九七〇、文春文庫、一九七五）

鈴木　面白いですよ。東大の臨海実験所でどうしたこうしたとか、海の生物の話とかです。動物王国は、ずっと後になってからの話です。彼は昔、学研に入社して科学映画を撮っていましたが、その当時の話*というのも、すごく面白いですよ。

――へえ〜。

鈴木　『ムツゴロウの動物王国』*なんかより、はるかに面白いですよ、僕に言わせれば。

――そうですか、本を一度ちゃんと読んでみます。読んだことがなかったので。僕には、テレビのあのイメージしかなかったです。

鈴木　あれは後から作られたイメージですね。もちろん、彼がやりたかったのは動物王国だったのかもしれないですが……。だけど、大学では動物学者を目指していたはずです。だから、僕にとって生物の勉強の面白さは、やっぱり興味ある生き物を探してきてそれとずっと付き合うというようなイメージがずっとあったんです。そういう雰囲気で面白がれるようなことが欲しい。最初は、取りあえず趣味でもいいと思ったんです。そういうときに思い出したのがクマムシで、もともといつも気になる存在だった。

――ふーん。頭のどこかにあったということですか。

鈴木　ずっとありました。本にも書きましたが、日吉に来て一回実物を見せても

* 『もの言わぬスターたち』畑正憲（経済往来社、一九七〇、中公文庫、一九七四）
* 『ムツゴロウの動物王国』畑正憲（毎日新聞社、一九七三、文春文庫、一九七九）

らって、こういう感じかと……。コケを取ってくれれば見られるということも頭で知っているので、それは本当にやってみるかどうかの世界です。取りあえずやってみた。一回目では見つけられなかった。それも「あとがき」に書いたけど、何回か見るうちに見つけることができて……。それで、そのまま突っ走ったという感じです（笑）。

——はい。

鈴木　最初は、それまでの研究を完全にストップというか放り投げちゃって、こっちに完全にシフトしちゃうというのは、もちろんためらいはありますよ。

——今、始められてちょうど六年半ぐらいたったところということでしょうか？

鈴木　そのぐらいかな。

——その間、研究ということになると、論文にまとめなければいけないと思うんですけど、何報ぐらいになるわけですか？

鈴木　出版されたされた英語の論文は、まだたった二本。今、投稿中のが一本です。だから二・五本となりますか。デンマークでやっていた研究で、大きな論文になりそうなのが一つあって、これから書かなければいけない。手持ちのデータでもう一つありますが、でもそんなにたくさんは書けないですね。これまでの論文は全部単著で書いてますし……。

——そうですか。

野生動物としてのクマムシ

――今、学生さんは？　誰かと一緒にというわけではないんですか？

鈴木　日吉は学生（大学院生）がいないですから。

――あ、そうなんですか。

鈴木　相手にしているのは学部の一年生だけです。昔の大学の教養部に相当するところ。

――そうかそうか。でもクマムシの研究をやりたいという学生は、いるんじゃないかなという気がしますけど。たぶんこのメールマガジン*の読者の人は――まだ先生のインタビューを配信するとは言ってませんが（インタビュー当時）――、かなりの方が、もう先生の本を読んでいると思います。まあ、そういう人しか、わざわざ僕のメールマガジンとかは読んでいないわけですけど……。だから、興味を持っている人自体は、それなりにいると思いますけどね。

鈴木　そうですかね。

――でもまあとにかく、本の中で「つまらなかったわけではない」と仰っている部分は、むしろ「つまっていた」という感じだったんですね（笑）。

＊サイエンス・メール　本書のもとになったインタビュー記事が掲載された森山和道のメールマガジン。詳しくは、本書「はじめに」を参照。

鈴木　はっきり言えばそうです。ただ、それはちょっとぼかしておいてください（笑）。ただ、僕の場合は、あまりしがらみがあるわけじゃないので、「やっぱりそうだったの」って言われれば、それでおしまいなんですけど。

——じゃあ、先生のイメージでは、大型の動物——たとえば本当のクマだったら林の中を分け入って、クマの様子をフィールドで追いかけたりとかするはずですが、あれをクマムシでやってるというか、コケの間をかきわけながらクマムシの姿を追っているような、そんな感じですか？

鈴木　そうです。そう簡単に飼えるとも思っていなかったし……。

——じゃあ、捕まえてみて、どういうふうに……

鈴木　顕微鏡でコケの間をのぞくというやり方も、すごい人工的な環境ですよ。水浸しにして見ているわけですから。実際の環境では、葉っぱの間に水が染み込んでいるだけで、水没しているわけじゃない。だから、本当の自然の状態のものを見るということは、まず難しい。でも、ある程度それらしいものとして、水没させた状態で顕微鏡で見ると、その中で歩いているのが見える。でも、大部分はね、足を滑らせて下に落ちてもがいているやつの方が多い。本当の自然の状態を見るというのは難しいです。

——うーん。

鈴木　もしかして、そういう中でクマムシ同士が出会って求愛行動とかをしていたら面白いなと思いますが、なかなかそれは見えないです（笑）。

――その辺の詳細は、まだ全然わからないのですか。

鈴木　シンポジウムで、デンマークの先生の発表では、クマムシとクマムシが、こういうふうに正常位で絡まり合っていて、というような絵を描いていましたよ（笑）。だから、そういう現場を観察している人は、少しはいます。でも、写真としてとか、行動学的なデータとして発表されることにはなってない。「どうもそういう話だよ」といった雰囲気で、いまいちはっきりしない。

――ふーん、そうか。「身近な未知の生き物」って何か変ですね。珍しい動物ではない。珍しくはないけどわからない。そんなものですよね。

鈴木　ええ。たとえば、普通の野生動物でも、ツキノワグマの生態はたぶんわからないことがいっぱいあると思うし、林に分け入っていって、それを一部始終見るというのは、とても難しいことでしょう。一〇月三〇日に、どこそこへ行ってこういう行動を観察したという記録は残せるけど、それはそれだけで、二四時間密着して半年間は無理なので、やっぱり、どうしてもわからないことがたくさんあります。それと同じように、というかそれ以上にわからないことが多いということですね。

――はい。

「この商品を買った人はこんな商品も買っています」

――そういえば、先ほど先生が博物学が最近日本でもようやくという話で……。

鈴木　博物館学です。博物学というのはもう廃れて久しい学問です。

――ああ、はいはい。あれは何でしたっけ、国立科学博物館で解剖をやっている先生で、最近、本を書かれている人がいらっしゃいますよね、お名前は……。えーっと、キリンとか、ゾウとか、でっかい動物とかを解剖していて、実際に解剖してみるとわからないことがいっぱいあると……。

鈴木　ああ、遠藤さんか。

――そうそう、遠藤秀紀さんです。*『パンダの死体はよみがえる』とか『人体 失敗の進化史』*などを書いている人です。

鈴木　僕は読んでませんが、アマゾンで、『クマムシ?!』の宣伝のところにいつも、「この商品を買った人はこんな商品も買っています」に出てくるんですよ。

――ああ、なるほど。そうだろうと思います。両方買って読んでいる読者は多いかもしれません。何となく共通する気持ちはわかる。遠藤さんの方がかなり個性的ではありますけど……。

＊遠藤秀紀　日本の動物解剖学者。『解剖男』など奇抜な書名とそのマッドサイエンティスト的な風貌が評判だが、日本の博物館をめぐる問題をするどく指摘した数々の著作は非常に啓発的である。

＊『人体 失敗の進化史』遠藤秀紀《光文社新書》（光文社、二〇〇六）

鈴木　そういう話題になっているなら、ちょっと僕もこれから調べてみようかな（笑）。

——科学の基本の面白さというか、興味というか、そういうところは共通しています。パンダの六本目の親指という話があるじゃないですか、じゃあ、あれは本当なのかというような話とか出てくるので……。

鈴木　ああ、あのグールド*の話とかですか。

——ええ。じゃあ、実際にパンダの手を解剖して見たことのあるやつが、何人いるんだ。本当にそうなってるのか。遠藤さんの本には、そういう話がいろいろ出ていて面白い。確かに、読者はそう思うんですよね。

鈴木　そういうことで言えば、たとえば、普段、学生実習なんかでやっているアメーバを見たことがある人ってどのぐらいいるのかな。

——今、あまりいないですか？

鈴木　学生実習とかで見ました？

——え、普通に中学校の理科で見ましたけど。

鈴木　見ました？

——たぶん授業だったと思いますけど。僕らの世代はまだ見ていたけど、今の学生はそうでもないんですか？

＊スティーヴン・ジェイ・グールド（Stephen Jay Gould, 1941-2002）アメリカの古生物学者。進化の「断続平衡説」で知られる。数多くの科学エッセイを著しており、『パンダの親指』（ハヤカワ文庫）の中で、パンダの六本目の「指」を話題に取り上げている。

鈴木　もう話だけで、実物を見たことのない人の方が多いんじゃないかな。生物の先生だって、見てるかな。

――そうなんですか？

鈴木　アメーバを野外で見つけてくるのは難しい。ここでは、学生実験のために実験室で一応維持していますが、専門家じゃないから学生実験で見せるだけのために維持しているんです。放っておくと、いつもいい状態ではいてくれないから、世話をするのをしばらく忘れていると、いつの間にかいなくなっちゃうということになります。僕も、ここの日吉に来て初めて自分で見ました。学生実習のテーマに入れることにして、ほかの教室の人が持っていたので、それをもらってきて初めて見ました。でも、そういうような対象って多いですよ。

――僕は中学生のときにも部活動は科学部だったんです。そういうタイプだったので……。

鈴木　それは、だから森山さんは特殊なんです。

――そうなんでしょうね、確かに。実物と言えば、僕も自分の精子を見たときとかは結構、感動しましたけど（笑）。

鈴木　実は、自分のは見たことがないですね。見たいね。

――これも何度も言ってる話ですが、実際に見てみると自分で想像していた以上

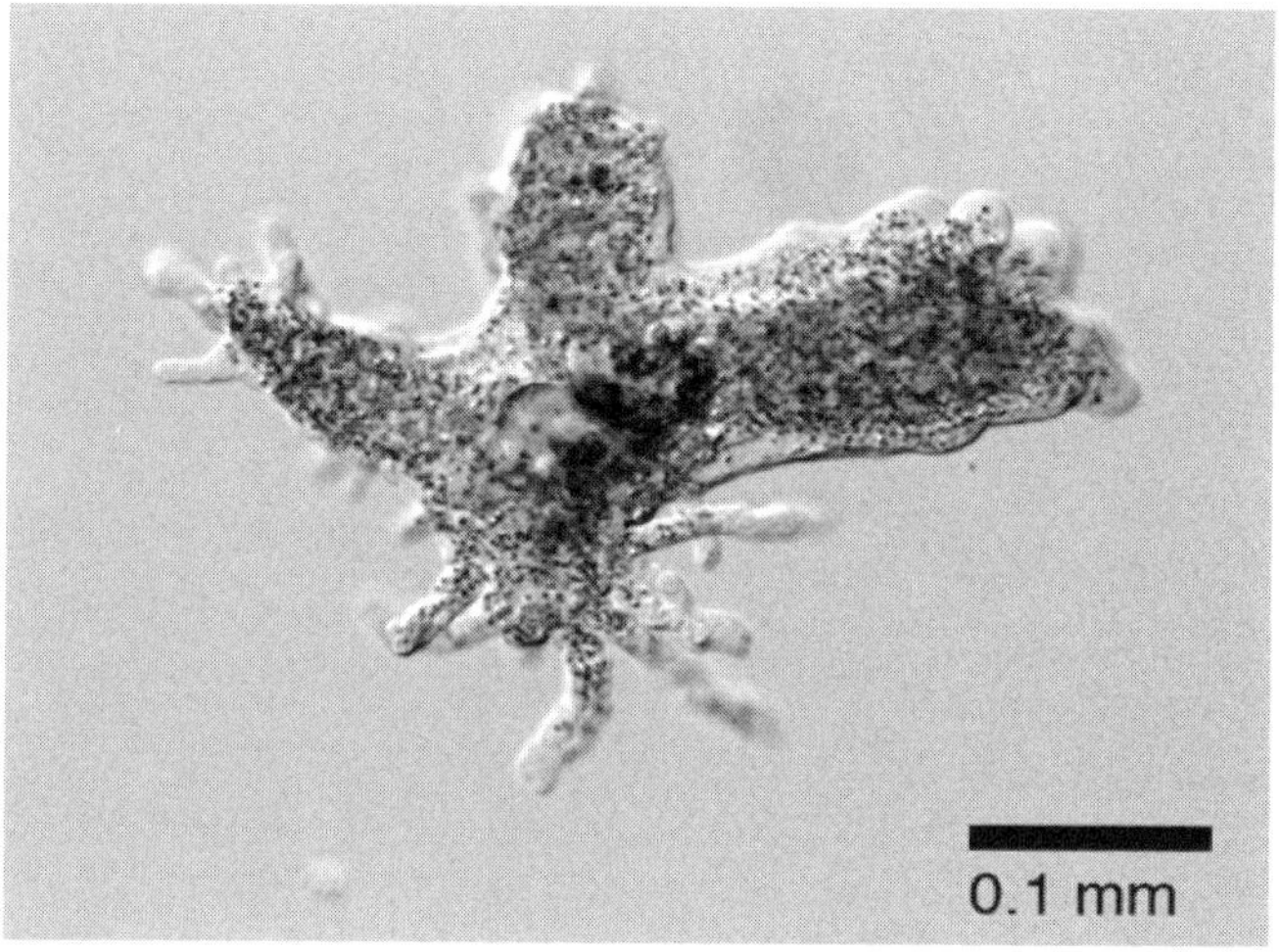

図13　アメーバ

にインパクトを受けました。こんなふうに動いているんだとか、最初はこんなに絡まっているんだとかいうことは、自分で見ないとわかりませんでした。「ああ、俺って細胞でできてるんだなあ」と、実感します。あのときほど実感したことはないです（笑）。

鈴木　僕は自分でまだ見てないですね。いつでも見られると思うと……。小っ恥ずかしいし、見たいなとは思うんだけど（笑）。

――そうか。まあそうですよ。顕微鏡があれば、クマムシは見ようとすれば見えるわけですね。

鈴木　そうです。ただ、もうそろそろ一〇〇〇種ぐらいいるということですから、「特定のこの種が見たい」と言うと難しいかもしれない。だけど、その辺にいる数種類のどれかを見るのは、わりと簡単です。

――ふうん。

画廊兼酒場「がらん屋」で人生を学んだ

――まったく話は変わりますが、先生の「著者紹介」のところに「趣味はバロックファゴットの演奏」というようなことが書かれてますが、これは？

鈴木　ああ、これも唐突にそれが付いているので、みんな笑っているところなんですけど（笑）。

――ええ（笑）。

鈴木　今週本番があるんですよ、今週の金曜日に。

――演奏をされるんですか。

鈴木　乃木坂の教会で、あとは横浜の開港記念館というところで、本番を二回やります。*

――楽器演奏は学生のころからやってるんです。

鈴木　ほかにも、画廊兼酒場「がらん屋」で人生を学んだとありますが、これはどこですか？

鈴木　名古屋の川名駅の近くです。今はもうなくなって、駐車場になっちゃってますけど。

――さまざまな人間模様って何ですか。

鈴木　酔っ払いの人間模様です。今から思えば、ちょうど当時はバブル期だった。一九八〇年代で、僕はその当時は「バブル期」なんてことは知らなかった。大学院生の頃って、世の中の動きは全然わからないじゃないですか。それでも、バブル期だからかどうかは知りませんが、当時のいろいろな芸術のムーブメントの中で、画

＊カメラータ・ムジカーレ　一九七五年創設のアマチュア演奏団体で、東京や横浜でバロック音楽の演奏会を定期的に開催している。ここで言及されたのは第四六回演奏会。二〇〇六年一一月三日聖パウロ女子修道会（乃木坂）、一一月五日横浜市開港記念館（横浜）。

廊の二階の飲み屋にその手の人がいっぱい集まってくるわけです。面白かったですよ。

――ええ。

鈴木　そういう中で、愛知県ですから愛知県立芸大とか、ほかの芸術学部を出たような人とかがいっぱいいました。デザイナーになっている人もいれば、建築家の人もいる。芝居をやっている人もいて、広告業界とかの業界人もいます。下の画廊では展示をやっているから、作家の人と、その取り巻きみたいな人もいます。でも、作家といっても若手の、しかもインスタレーション専門なんていうと作品自体は売れないですからね……。要するに、それ自身で商売ができない世界なので、本当に表現するだけだから、かえって話が面白い。そもそも体制側の人じゃないし、そういう意味で面白い人がいました。

――先生は、どうしてそこに出入りされていたんですか。

鈴木　場所が大学から歩いて三〇分で、遠くはないからです。たまたま、僕の友達がそこの店が面白いということを誰かから聞いて、僕にも教えてくれて……。そこは特殊な店で、鍵が掛かってないんです。夜中でも開いている。誰もいなくても入れる。店のオーナーは、もう一一時ぐらいになると寝ちゃうんです。開けっ放しです。それで、客が自分勝手にできるというか……。

――じゃあ、お客がそれこそカウンターの中に入って、作ったりとかもあるんですか。

鈴木　たまにそういうこともある。カウンターというか厨房ですね。店のオーナーは夕方五時までは仕込みをして、いろいろその日の大皿料理を作って置いてあります。ほかのものが食いたければ、「よそに行って食べて」と言って……。

――ああ（笑）。

鈴木　「亭主、ただ今、外出中」とか「よそに飲みに行っております」と貼り紙があったりして。客のほうも「何だ、いないのか」とか言いながら、冷蔵庫に何かないかなって作って食べる。

――楽しそうな店だなあ（笑）。

鈴木　それでビールや酒は、なくなったら各自補充しておくとか、支払いは、机の上から二番目の引き出しに入れておくこと、とか……。伝票も何もないので、みんな手書きで、何をどれだけ飲んだ、それと席料にビールを何本、それから皿がいくつ、皿は適当に三〇〇円、五〇〇円、七〇〇円取るとしておいて、それをいくつということにして、各自計算をして払う。お釣りが欲しかったら取っていく。そういうふうなので、時々悪いやつがいましたけどね、払わずに取っていくやつとかね。

――うんうん。

鈴木　僕らは、だいたい夜中に行って……。僕らはというか僕は、はじめは研究室に時々寝泊まりしていたんですよ。

――ええ。

鈴木　その寝袋をその飲み屋に移して、夜中、実験に疲れるとそこに行ってビールを飲む。そのままそこに泊まって、朝、汚いお皿や何かを片付け、ビールをショーケースに補充する。それでコーヒーを入れて、一杯飲んでから研究室に行くという生活でした。三日に一回ぐらいはそういう感じ（笑）。酒場ですから、時々は血みどろのけんかもあったりして、そういうのを仲裁するとか……。

――楽しいですね。

鈴木　そういう時代もありましたけどね。

――田舎では、僕らでもそうでしたけど、鍵が掛からない部屋とか近所に何軒かありましたね。

鈴木　でも完全にもう支払いまでも自治状態というか、それはあまりにも破れかぶれですよ。

――ええ。すごいですね。

鈴木　普通はやっていけないです。そこも、すでに最初から破綻していたようなものです。でもその店は一一年続いて、オーナーがいいかげんもう嫌になってやめましたけど。無茶をやる若者も減ってきた。画廊で面白い展示をする人たちが減って……。時代の移り変わりかもしれない。最終的につまらなくなったから、もうやめると……。最初は三年でやめるつもりが五年になり、一〇年になって、一〇年が節目だったけど、もう一年やることにして、一一年目にやめたんです。

――ふーん。

鈴木　昔、「イカ天*」という番組がはやっていた時代があって……。

――ありましたね。

鈴木　あれで、「たま」というバンドが売れたんです。

――はい。

鈴木　売れる前に「たま」は、がらん屋に時々来てました。名古屋でライブをやると、ただで泊まれるところがないのでがらん屋まで来て、そこで寝て次に東京へ行く。僕が寝泊まりしているときに、夜中にばたばたと彼らが上がってきて遭遇したこともあります。やっぱり、こういうむちゃくちゃな店は、東京でもなかなかないよね、ということで。

――そうでしょうね。

＊イカ天　「三宅裕司のいかすバンド天国」。アマチュアバンドの勝ち抜き戦で、一九八九年二月から一九九〇年一二月まで放映されたTBS系列の深夜テレビ番組。

「単純にそれを見て面白い」時代の人たちが羨ましかった

――そのころ先生は、一方で、昔の発生学にあこがれていたとも書かれてますね。

鈴木　それはちょっとそういうふうに書いてみたんですけど……。何となく、のイメージです。

――三木成夫さん*などの系統ですか?

鈴木　いや、僕は昆虫だったので、三木さんとは違います。でも、名古屋大学は、当時「発生学の名大」というイメージも少しありました。それは、ウニの発生とか、そういう研究で……。

――ああ、そうか。

鈴木　あとは二重勾配説を提唱していた山田常雄さん*――日本に見切りをつけて、早々と海外に行っちゃって、向こうで全うされた人です――がいた研究室があったので、古い頃のそういう観念的な発生学が、何となく雰囲気としては残っていたんです。ショウジョウバエの発生で、ビコイド*とかナノス*とか、それらの分子的な実体を何もわかっていない頃なのに、勾配説はあったわけです。そういうものとか、

*三木茂夫（1925-1987）　日本の解剖学者・発生学者。

*山田常男（1909-1997）　日本の発生生物学者。名古屋大学教授。スイスの国立ガン実験研究所の主任研究員、名誉研究員。

*ビコイド（bicoid）　ショウジョウバエの発生初期に、からだの前後を決める重要なはたらきを持つ遺伝子。胚の前方から後方にむけて濃度勾配を形成する。

*ナノス（nanos）　ショウジョウバエ胚の後方に局在し、生殖腺の発達にも重要な機能を持つ。

有名なシュペーマンの実験*とか、一九二〇年、三〇年代のころの、ああいうような話を授業で聞くと、やっぱり面白いなと思っていました。

——はい。

鈴木　そういうような実験的になる直前の、記載的な「ディスクリプティブ・エンブリオロジー*」と呼ばれるような、本当に発生をただ逐一形態の変化として見ていって、卵が割れて、これこれしかじかのパターンで割れていくといった経過を単純に記載し続ける段階の発生学というのは、一〇〇年ぐらい前にはいっぱいあったわけです。「単純に、それを見て面白い」という、そういう時代の人たちが羨しいと思っていました。それを実験的に、ここの過程を通ってこう処理してやると何になるとかを、どんどん実験的にやるようになって、現在の発生生物学になるわけです。でも、僕はもっと昔の素朴な面白さでやっているころの人たちに、あこがれを持っていましたね。「面白さ」だけで、そういうふうにやってみればどんどんデータが出る時代で、簡単だし、いいなと（笑）。お金は掛からないけど必要なのは顕微鏡一つで、後は「観る」だけ。そのセンスさえあればできる。そういうタイプの研究は、今は残っていないように見えるけど、こういうようなものの中にも、まだできること、すべきことが残っているということがよくわかったんです。

——はい。

* シュペーマン（Hans Spemann, 1869-1941）　ドイツの発生学者。ヒルデ・マンゴルト助手を指導してイモリ胚における形成体を発見し、1935年にノーベル医学生理学賞を受賞した。

* ディスクリプティブ・エンブリオロジー（descriptive embryology）　記載発生学。発生現象の詳細な記載は研究に不可欠な基礎的情報となるが、二〇世紀初頭から勃興した実験発生学（あるいは現代の発生生物学）の研究者からは「記載するだけの」と揶揄する響きが感じられることもある。実際、「単なる現象の記載」が論文掲載拒絶の理由となる場合もある。

鈴木　そんなものは、大学の研究室でやる仕事じゃないと言われるのかもしれません。でも、最初に切り込んでいくところは――アマチュアでもできるかもしれないけど――、生物をちゃんとやっている人が、ある程度糸口を付けていくべき部分があるだろうなと思ってね。ただ、話を聞いたら「そんなの簡単じゃん」ということでいいと思います。僕の場合は、そういう簡単な仕事しか自分ではできない。

――ふーむ、なるほど。私の印象ですと、今、発生学の先生方は、見てこうなっていくのが面白いなというノリを、そのまま分子の世界でやっているような雰囲気ですか……。たとえば、倉谷滋さん*のアプローチはわかりやすいなという感じがしますが。

鈴木　でも、倉谷さんは古典的な積み重ねが大好きな人で、そのどろどろのところからニューっと出てきた人ですよ。本人の興味は、昔のごちゃごちゃしたところにこだわりを持っていますから。そういうスタイルの倉谷さんの話は、わかりにくいものでね（笑）。

――ええ、倉谷さんの本*は全然わからないですね（笑）。素人には。

鈴木　うん、でも、ああいうこだわりは好きですね。

――倉谷先生の本は、正直言って、三行読んで四行戻らないと理解できない本ですよね。

* 倉谷滋（1958-）　日本の発生生物学者（理化学研究所、発生・再生科学総合研究センター）。

* 『動物進化形態学』（東京大学出版会、二〇〇四）。

＊『個体発生は進化をくりかえすのか』（岩波書店、二〇〇五）。

＊『かたちの進化の設計図』（岩波書店、一九九七）。

鈴木　「岩波科学ライブラリー」シリーズにもあるでしょう。＊

――ありましたね。

鈴木　あれは東大出版会から出た本があまりにも難しいから、その反省の下にもっと平易に書くことを目指して書いたというふうに書いているんだけど、やっぱり、難しいところは難しい。

――というか、逆に東大出版会の本を先に読んでおかないと、「岩波科学ライブラリー」の方を読んでもわからないような書き方じゃないですか。それはちょっと無理ですよ。昔はもっと簡単な、一般向きのやつも倉谷先生はお書きになってたじゃないですか。たとえば『現代思想』にも書いてらっしゃった。

鈴木　そうですね。『かたちの進化の設計図』＊もあった。

――ええ。そういう書き方でも、あの神経堤細胞の話とかは書けるんじゃないかなという気が僕はするので、ちょっと残念な感じもします。ポピュラーサイエンスの側からすると、ですけど。研究者としては、もう、〝行け行け〟で行っていただくと本当にいいんですけど。

鈴木　命題が、哲学的なところに入っていってるからね。

――わかったような、わからないようなところがありますね。そういうテーマは、こちらの方でも結構はっきりと言い切れない部分が多い。その先生が見た仕事はこ

うだったけど、本当にそれが一般的なものだったかどうかはわからないよ、という
のが。

鈴木　そうですね。でも実際に、そういうことばかりですよ。

Part V　文　献

「オニクマムシ」のアトラスを作りたい

――（本を繰っていて）これですか、オニクマムシの筋肉の走り方というのは……。

鈴木　はい。これも、そもそもオニクマムシの最初の原記載論文に、すでにこれが書かれています。

――本当にこうなっているんですか？

鈴木　たぶん。

――しばしば、昔の論文にこう書いてあるから信じられているけど、調べてみると違ってましたということがあると聞きますが、この場合は……？

鈴木　あるかもしれません。そもそも、普通の標本を見ていても、すっきりと見えるような標本ばかりじゃない。クマムシは、時々、酸欠状態になって転がっていることがあるんです。樽状態じゃなくて仮死状態になっちゃう。そういうときには、いい顕微鏡で見るとこんな図のように見えますよね。ただ、全部この図の通りかどうかはわからない。それも、もう一度やり直した方がいいのかもしれないし、自分が見ているのが厳密にこれと同じ種類かどうかもわからない。

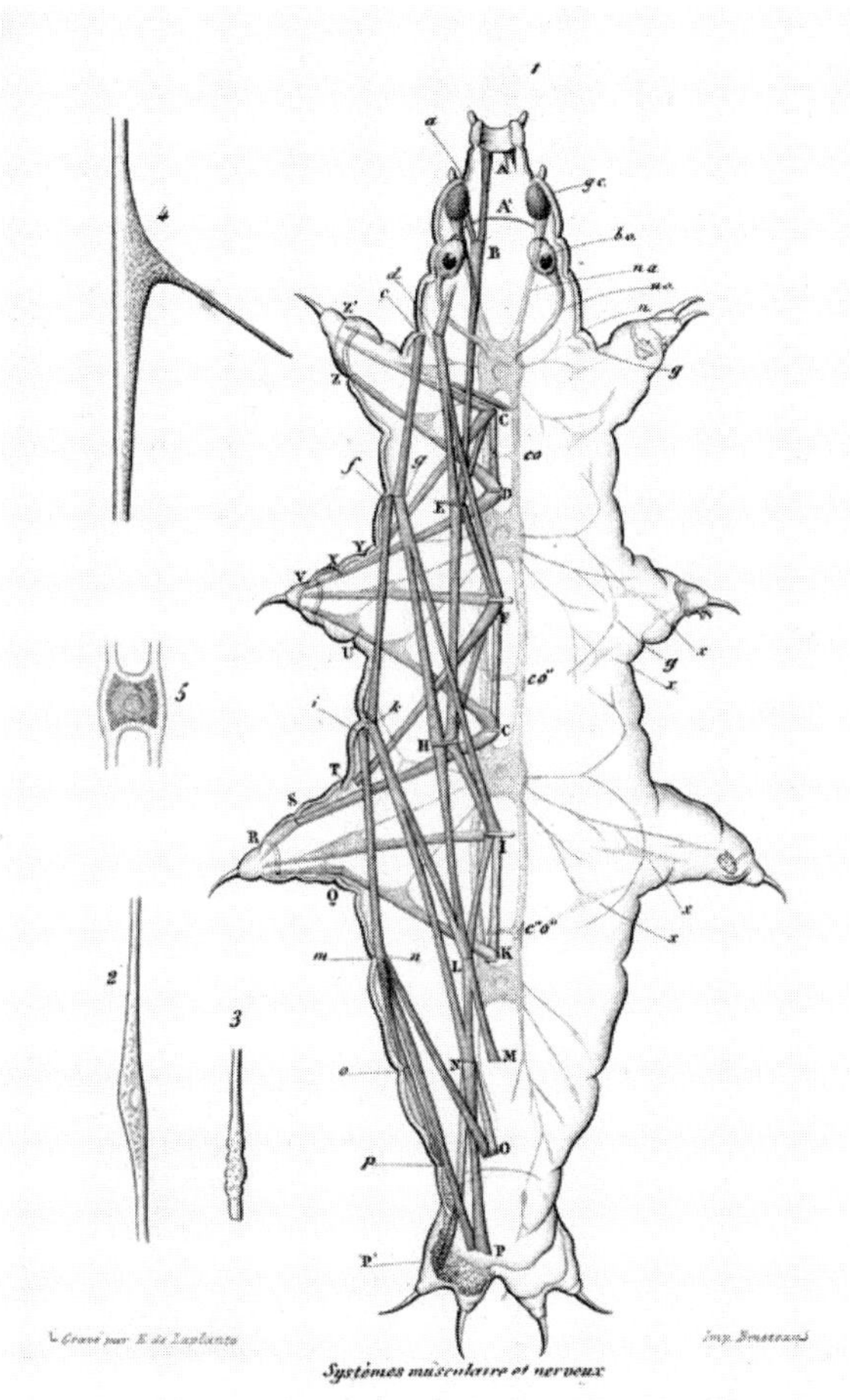

図14　オニクマムシの筋肉と神経系

――そうか、そうですよね。

鈴木　いずれそういうのは、全部やり直すと面白いなと思っています。だから、今いる「オニクマムシ」というふうに一応言っている〝日吉の〟クマムシを、徹底的に、今の最先端の顕微鏡を使って、そこら中の写真を撮りまくり、図鑑みたいにしてアトラスを作ったら面白い。出版できるかどうかはともかくとして、データとして集めて、いずれそういうことも是非やってみたいですね。

――こんな、ばかでかい本とかで（笑）。

鈴木　ええ。「オニクマムシの解剖学的構造のすべて」みたいなものです。

――クマムシ分野は、そういう本が出せる世界じゃないですか？　というか……

鈴木　だと思います。だから少なくともドワイエール*がやったのと同じレベルのことを、顕微鏡写真でやりたい。

クマムシの卵巣の成熟過程の多様性

――卵巣の話ですが、卵巣の中のオルガネラがどんなふうに動いているとか、そういう話も、まだこれからなんですね？

＊ドワイエール（Louis Michel Francais Doyere, 1811-1863）　フランスの動物学者。一八四〇～一八四二年に発表した論文で、オニクマムシなどの精細な解剖学的記載とともに、その乾燥耐性の実験についても詳しく述べている。

鈴木　卵巣の微細構造についての報告は、本当に数えるほどしかありません。今、手に入る論文で、これと、これと、これと、これと、これがあります、と、そういう程度なんです。一〇個もない。それで、じゃあ、それを全部つなぎ合わせたら、大ざっぱにわかっていると言えるかというと、全然、わからない。

――ふーん……。

鈴木　一年間、デンマークでやってきた研究は、海のクマムシの卵巣についてです。向こうで「じゃあ、これを見てほしい」と言われた一種類の海のクマムシの卵巣を、縦切り、横切りというシリーズでずっと写真を撮って、3Ｄ（三次元立体再構築）もやって「こんな感じになっているらしい」と見当をつける。一種類について、ひたすら見ている。論文はこれから書かなければいけません。写真は三三〇〇枚撮りました。もちろん全部の写真を使えるわけじゃない。連続切片をちゃんと撮ることができた写真を全部集めて、そのぐらいになる。こういう研究は時間もかかるし、電子顕微鏡は維持にもお金が掛かるので、これをやっていくのが大変なんです。しかし、大学にいると授業をやらなくてはいけないので、研究じゃないことの方で時間をとられるんですよ。今、科研費申請では「エフォート（effort）」という欄があるんです。

――エフォート？

鈴木　一〇〇パーセントの仕事時間の中で、何パーセントその研究に割いているかというようなことまで書かされるんです。そういう見方からすると、本当にもう五〇パーセント以上は教育で、あとはその他の雑用。大学の研究室なんて時間が全然ありません。そういう中で顕微鏡の写真を撮って、少しずつためていくというタイプの研究は、まあ、コツコツやっていって、ある程度データがたまったところで論文を書いて、という程度にはやっていけるかなと思って、僕には性にあった仕事ですね。卵巣の構造をしつこく探るようなタイプの研究は、今言ったようにあまりないですから……。オニクマムシの断面の写真を見ると、さっきお見せしたみたいな感じですけど、デンマークで見たやつは、またそれと全然違うんです。

——へー、そうなんですか?

鈴木　まったく違う。だから、どの程度の多様性があるのかはまだこれからです。

——それは、成熟のパターンも違うんですか。

鈴木　海のクマムシは、だいたい一回に卵を一個しか産まないやつが多いのかな——多いかどうかはわかりませんが——、そういう種の卵巣でした。つまり、一回に一個しか産まないのが普通というタイプと、一個から一五個といろいろ栄養状態に応じて変わるオニクマムシのようなタイプがあるということです。もともとの仕組みが、かなり違うんでしょうね。

——ふーん……。ちなみに一個しか産まないやつはどうなっているんですか。

鈴木　おそらく、一つの卵原細胞が三回分裂して八個になって、そのうちの一個が卵になり、残り七個は栄養細胞で、そのユニットの一つが卵黄を形成する。ただ、これも、そういうユニットがたくさんあって、栄養状態がよければ、これらのユニットそれぞれに卵黄形成をするんです。そうすると、たくさん卵ができる。たぶん一個しか産まないやつは、資源に限りがある中で、そういうユニット一個だけが一回のサイクルで使われて、次のサイクルで次のユニット、というふうにつながっているかもしれない。

——ふむ。

鈴木　僕が調べたクマムシでは、たぶんそういうふうに縦につながっていて、一番出口に近いやつが今回は卵を作る。すると、一人っ子しかできない。カイコのようにワーッと卵をたくさん作る昆虫がいますが、基本は、そういう縦の列が数珠つなぎになっていて、一気にズラーッとできてくるんです。海のクマムシの場合は、一回に一個ずつ。だけど、オニクマムシの場合、こういう栄養細胞の固まりの中に卵母細胞がひっついているから、必要に応じてたくさん卵ができるかもしれない。そもそもの構造として、その違いがあるかなあ、と思っています。その辺はまだ自信がないですけどね。

——へえ〜。それは面白いですね（笑）。

鈴木　うん、だから、もっとほかのクマムシもいろいろ並べてみないと何とも言えない。だからやればやるだけ結果が出ると思いますが、一つの結果を出すのに時間がかかるんですよ。ほかのいろいろやりたいことの中で、どれだけ時間をかけられるかはわかりませんが……。

——そっか。

腹毛動物イタチムシも見てみたい

——先生は、今後、かなり長い間クマムシを研究されていかれるつもりなんですか？

鈴木　そのつもりですが、他にも興味のある動物はあります。前にどこかのインタビューで「イタチムシ」*なんていう話を出したこともあります。『AERA』だったかな。

——何ですか、「イタチムシ」って？

鈴木　「イタチムシ」というのもいるんです。クマムシとはまた別のグループ。

＊イタチムシ　腹毛動物門・イタチムシ目。

腹毛動物といいます。

――「ふくもう」？

鈴木　腹毛、おなかに毛の生えたグループです。これも腹毛動物門という独立のグループです。

――ふ〜ん。

鈴木　代表的なのはイタチムシ（図15）で、これはおもに淡水産。海のものでは、オビムシ*（図16）というふうにいろいろいます。腹に毛が生えて、はい回るように、するすると動くんです。クマムシなんかよりもはるかに素早く動く。

――へぇ〜（笑）。

鈴木　イタチに似ているかどうかは、ちょっとわかりません。解剖学的な記載は、どちらかというと、緩歩動物よりも腹毛動物の方が論文は多いけど、日本人で研究している人は誰もいない。要するに、物になるかどうかはわからないけど、自分でちょっと見てみたいなということです（笑）。

――そうですか。

＊オビムシ　腹毛動物門・オビムシ目。

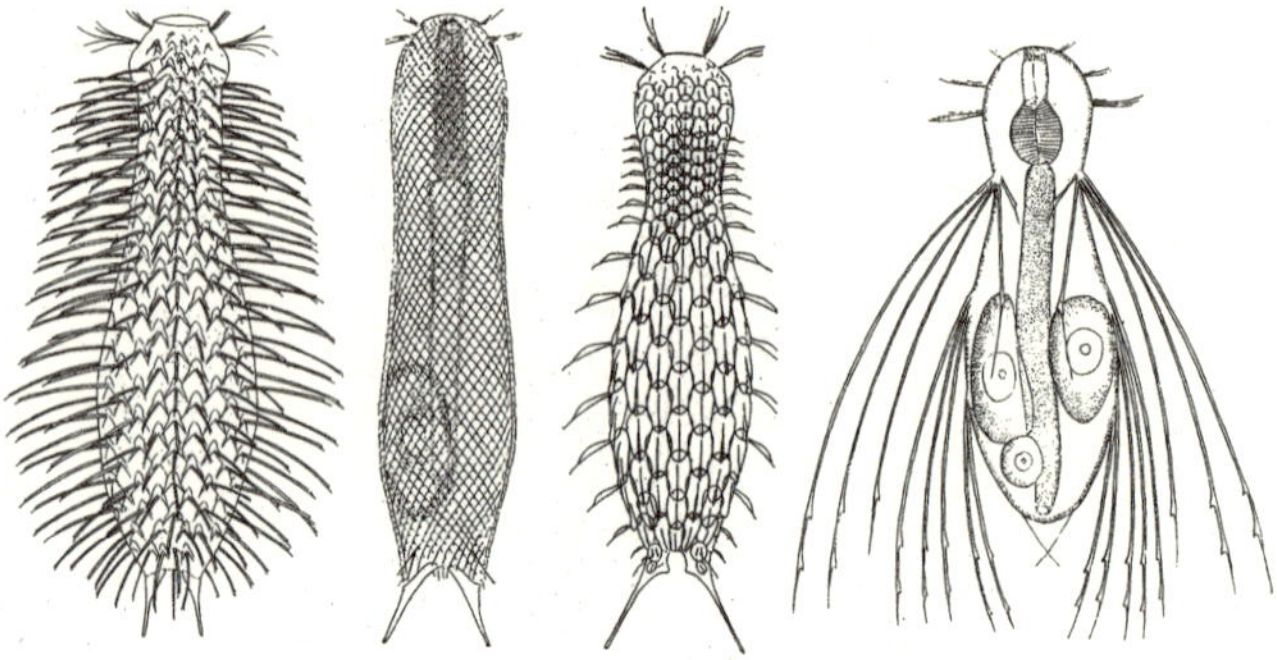

図15　イタチムシ類

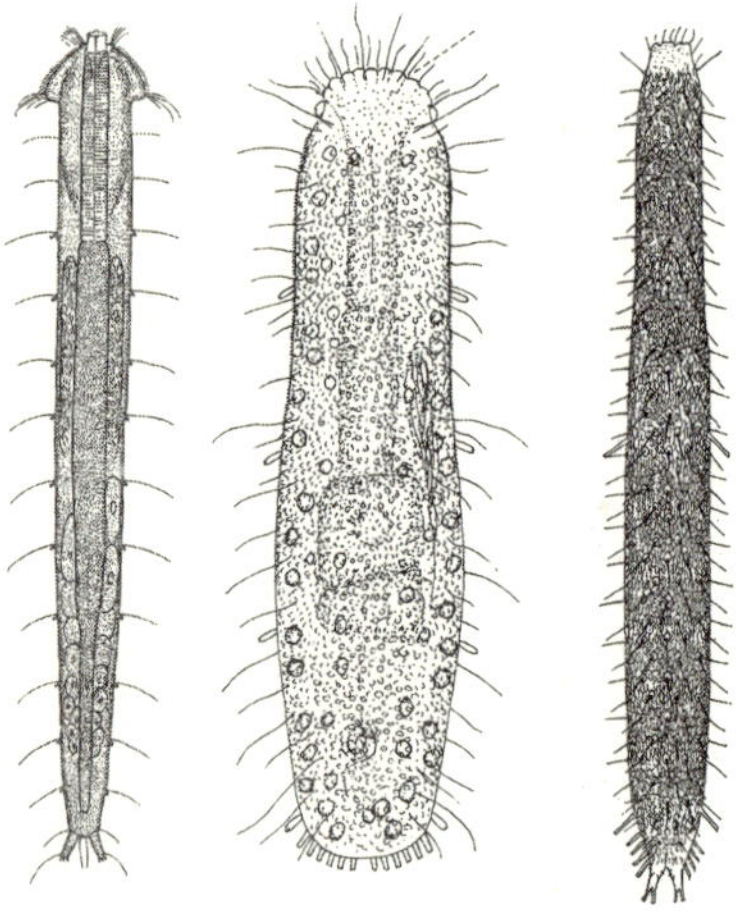

図16　オビムシ類

『へんないきもの』の功罪

——先生をご紹介いただいた岩波の編集担当者の方からは、「『へんないきもの』*的な扱いばかりにはしないでくださいね」と釘を刺されたんですけど、伺っていると、やっぱり変な生き物はお好きですね（笑）？

鈴木 それは、誰だってそうでしょう。変わったものは見たいと思う。

——そうですね。

鈴木 だけど『へんないきもの』的な紹介って——岩波の塩田さんが*どういうふうに言われたかは知りませんが——、クマムシを『へんないきもの』で見て初めて知ったという人は多いと思います。だけど、紹介の仕方は面白いんだけども、結構、うそっぱちも書いてある。ああいうのは嫌だな。

——ああ、はい。

鈴木 結局、受け売りで紹介すると、何が本当かわからないわけです。その辺が生物をやった人と、そうじゃない人との違いだと思いますけど。

——はい。そうですね。

鈴木 うそを言うつもりはないけど、要するに、根拠のしっかりしたうわさ話と、

＊『へんないきもの』早川いくを（バジリコ、二〇〇四）。

＊塩田春香　岩波書店自然科学書編集部。『クマムシ?!』の編集担当者。

何かよくわからない話と混ぜて書いていて、その評価が難しい。だけど、博物学の資料としては同じものを使っているわけです。たとえば、荒俣宏さんのように、物を言える立場の人が、発信をしてくれることはとてもいいことですが、それらの情報は、生物学史の論文とは、ちょっと区別して見る必要がある。まあ、そういうことです。

——入り口としてはいいけど、ってことですね。確かに。それは僕らみたいな書き手を越えて、一般の人に向けて書く場合、常々注意しないといけないなと絶えず思っていますが、自分では見たことがないのに、言い切って書くというのは……。

鈴木　しかし、やはり情報発信はしなければいけない。だからその辺は上手に、一番いい方向に、それぞれを持っていくことが大事だと思っています。『へんないきもの』も、ものすごく影響力がある。たとえば、オオグチボヤ*とか訳のわからない生き物は、僕もあれで見て初めて知りました。面白いなと思うし、入り口はそこに示されている。だけど、クマムシは「一〇〇年も生きる」という話は、これは本当かどうかわからない。そういうことは、きちんと知りたい。

——そうですね。オオグチボヤも実際の生態をビデオで見ると、ものすごい大群落を構成している。こんなふうになっているんだと思いましたが、あの絵のイメージとはちょっと違いますね。アップで見ると同じですが……。僕は前にＮＨＫにい

＊オオグチボヤ　尾索動物門・ホヤ綱・マメボヤ目・オオグチボヤ科。

たんですが、そのときに気を付けていたのは、実際の映像が撮られているんだったら、できるだけ実際の映像を使って、模式図はあまり使わないということでした。

鈴木　ええ、模式図には解釈が入っているからね。

——はい。人間は知ってるものしか見えないというか、最初に模式図を見ちゃうと模式図の通りにしか見えなくなりますよね。

鈴木　学生実習なんかをやっていると、本当にそう。模式図の方を信用しちゃう。実物はこんなに訳がわからないのに、それを頭の中でねじ曲げて、もう「そういうものだ」と思い込んじゃう。それがよくない。イタチムシは、そういう変なものが見たい、単純に変なものが見たいだけなんです。それを研究テーマとしてやっていけるかどうかは全然わからない。

レンジでチンはしたくない

鈴木　僕は天の邪鬼なので「クマムシがすごい、すごい」と言われると、「すごい」という感じで紹介するのは嫌になる。『クマムシ?!』を書くときも、そういうふうにはしたくなかった。だけど、こういうところ（本のカバー）には、出版社の事情で

「(電子)レンジ云々」と書かれていますが、僕は電子レンジでチンしても平気ということはどこにも言っていない。

――チンしていないとは書いてありますね。でも、僕もレビューでは、こういう伝説がありますという形で書いちゃいましたが……。実際にチンされていないんですか？

鈴木　試しにやってみた人はいるんじゃないかと思いますが……。*

鈴木　うん、やりたい人はいます。僕はやりたくないんです。

――なるほど。先生は、基本的に生きているクマムシの生き様が好きなんですね。でも単純に不思議なことですが、クリプトビオシスになったときは、一三〇度とか、かなりの高温にも耐えられるんですよね。

鈴木　一五一度とかだったかな？　そのレベルです。

――過剰に丈夫ですよね。そこまで丈夫である必要性がどこにあるのか。

鈴木　うん、それはわからない。確かに、過剰に丈夫です。

――生物の進化をある程度見ていると、どっちかというと、無駄なものは省かれていきますね。エネルギーの無駄だから――性に関するものは別ですが……。なのに過剰に丈夫に見えるというのは……？

鈴木　そういう丈夫さが過剰にあるのはなぜかというテーマで、クリプトビオシスを研究している人たちはいます。

＊ＮＨＫ教育テレビ『科学大好き土曜塾』（二〇〇七年十一月六日放送）で、電子レンジにかける場面が放映された。

——ああ、そうなんですか。

鈴木　過剰な丈夫さの由来は何かと……。お話としては、たとえば、今では過剰なんだけど、昔はそういう必要条件があったかもしれないという考え方もある。だけど、生物は実に無駄なことも多い。たまたまそうだったという可能性もある。

——はい。たまたま、そうなっているだけだ、というのもあります。

鈴木　たとえば、六〇〇〇気圧にしても、地球上の表面には、そんな環境はないわけです。地球の内部まで行けばあるかもしれないけど。宇宙のすごい未知の放射線というのもわからない。

——不死身伝説の真相か。

貴重な文献の絵を紹介できたこと

鈴木　この本（『クマムシ?!』）を出してよかったなと思うのは、この一番最初のカラー口絵の絵を引用できたことです。これは成功でした。知る人ぞ知る絵だけど印刷もきれいで、一三〇〇円でこの絵が買えると思えばなかなかよかったんじゃないかなと思います。

――なるほど、そういう面もありますね。

鈴木　あと、これ（『クマムシ?!』の口絵2、本書図17）も誰も見たことがない絵で、自分でも、ずっと見たい、見たいと思っていたんです。デンマークで「これが見たいんだけど」と言ったら、ひょいひょいと出てきたのでびっくりしました。これは文献のタイトルとしては、あっちこっちに引用されているけど、これそのものは、なかなか見られない。

――そうなんですか?

鈴木　ええ、とても珍しい文献です。

――保存されていたのはどこだったんですか。

鈴木　コペンハーゲン。ほかにもあると思いますが、日本国内にはたぶんないでしょう。コピーで見てもこの雰囲気は伝わらないので、僕はこれの実物を研究室に置かせてもらって、自分でスキャンをしました。これは将来的に使っていいのか、と聞いたら、こういう古い文献はクレジットを出せば使っていいよと言われて嬉しかった。

――そうですか。そもそもクマムシの話って、面白本の中に二～三ページで出てくるんだけど、意外にこういう本物の写真とか、実物を見て書かれたスケッチはあまり出てこないですね。

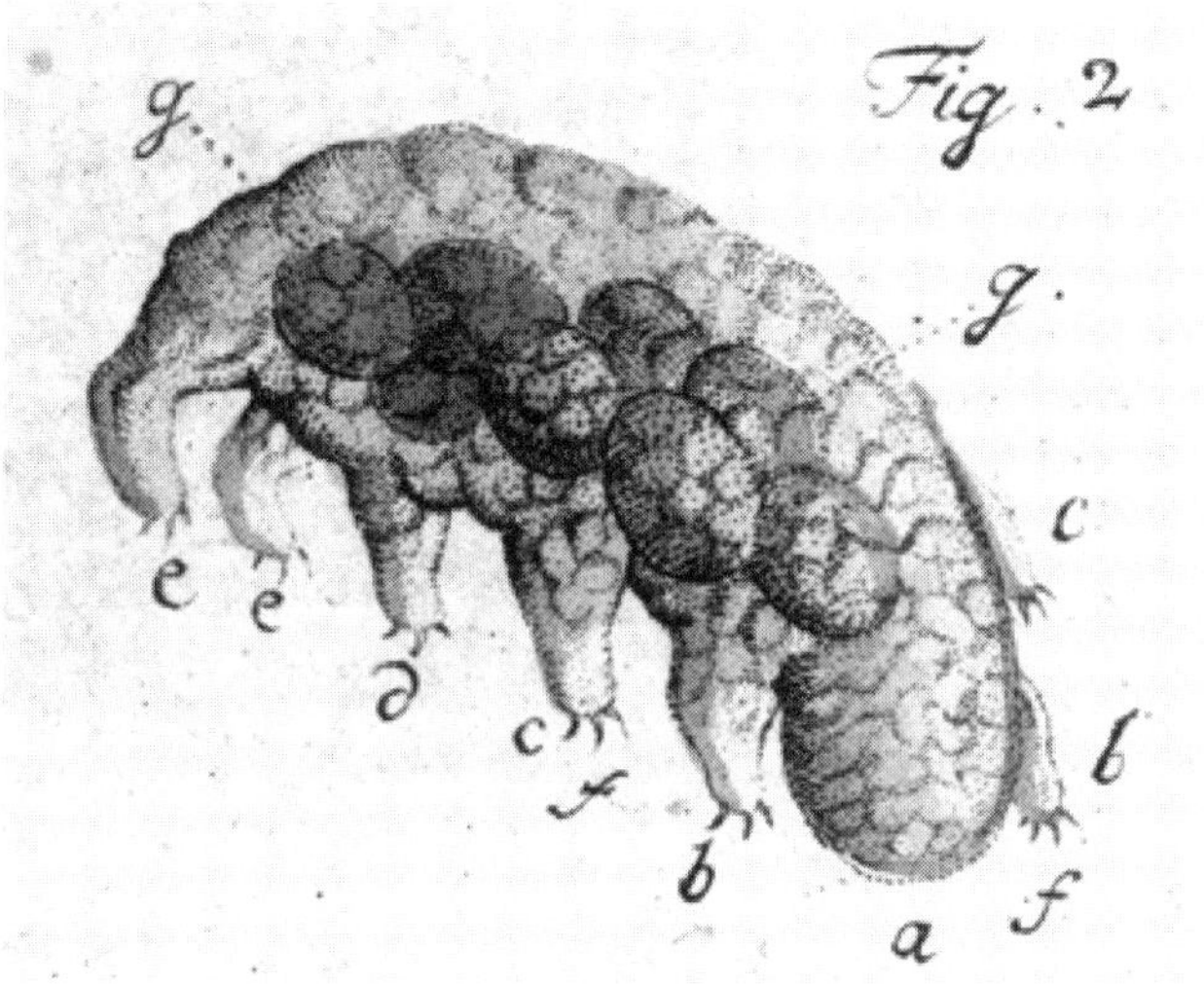

図17　ミュラーのクマムシ

鈴木　そう。うわさ話ばかりなんです。だから実際の論文でもそういうところがある。この記事のこういう部分については真相がわからない、というケースも多いんです。

――それは、どの分野でもある話ですね。「それは本当なんですか」と聞いたら、「いや、知らないけど、そう書いてあった」というのは結構ある。程度の差もありますが。

鈴木　自分で論文を書くときは、もっとすっきりと、自分で納得いくような形で「こういうのが読みたかった！」というのを書きたいなと思っていました。生活史の論文を出したときには、自分で本当にこういうのが読んでみたかった、という具合に……。『クマムシ?!』も、そういうものを書いたつもりです。だから、なかなかいいものができたと自画自賛していますけど（笑）。

――それは重要ですね。きっとそういうふうに書くべきなんでしょうね。『クマムシ?!』は続編を書けとか、こういう書き方で別の本も出せるんじゃないかとかという依頼は来ていませんか？

鈴木　今のところはありません。

――あれ、そうですか。たとえば、クマムシの飼い方の部分だけでもカラーで出し直すとか、そういう線でもありそうな気がしますけど。今日見ていて思いましたけど、教材としてもこれは面白い（笑）。

鈴木　『クマムシ?!』で書きたかった部分の一つは、クマムシだけをもてはやすのではなくて――もちろん僕は「クマムシがかわいい」と書きましたけど――、ワムシとか、ほかの生き物も同じように存在しているということです。このことを同じように本当は紹介すべきでね……。

――はい。「コケの中の生態系」ですね。

鈴木　そうです。たとえば『AERA』で「クマムシ愛」とかいって、「クマムシを愛する人たち」みたいな調子で紹介されたりしたので、僕はもうすでに反発を感じています。「クマムシ愛にあふれる本」とか言われたら、僕はこれから「クマムシがかわいい」と言うのをやめようと思っています。

――（笑）。そういう絵も本当はあってもよかったかもしれませんね。よく生態学の本などで、林の中で生きている生き物みたいな絵があるじゃないですか、ああいう雰囲気で、コケの林の中で生きているものたちは、きっとこんな感じという、そういう漫画が……

鈴木　たとえば、こちらの絵ですね。

――ああ、そんな感じです。

鈴木　ほかにも、このマルクスの本の中にたくさんあります。顕微鏡の中で見え

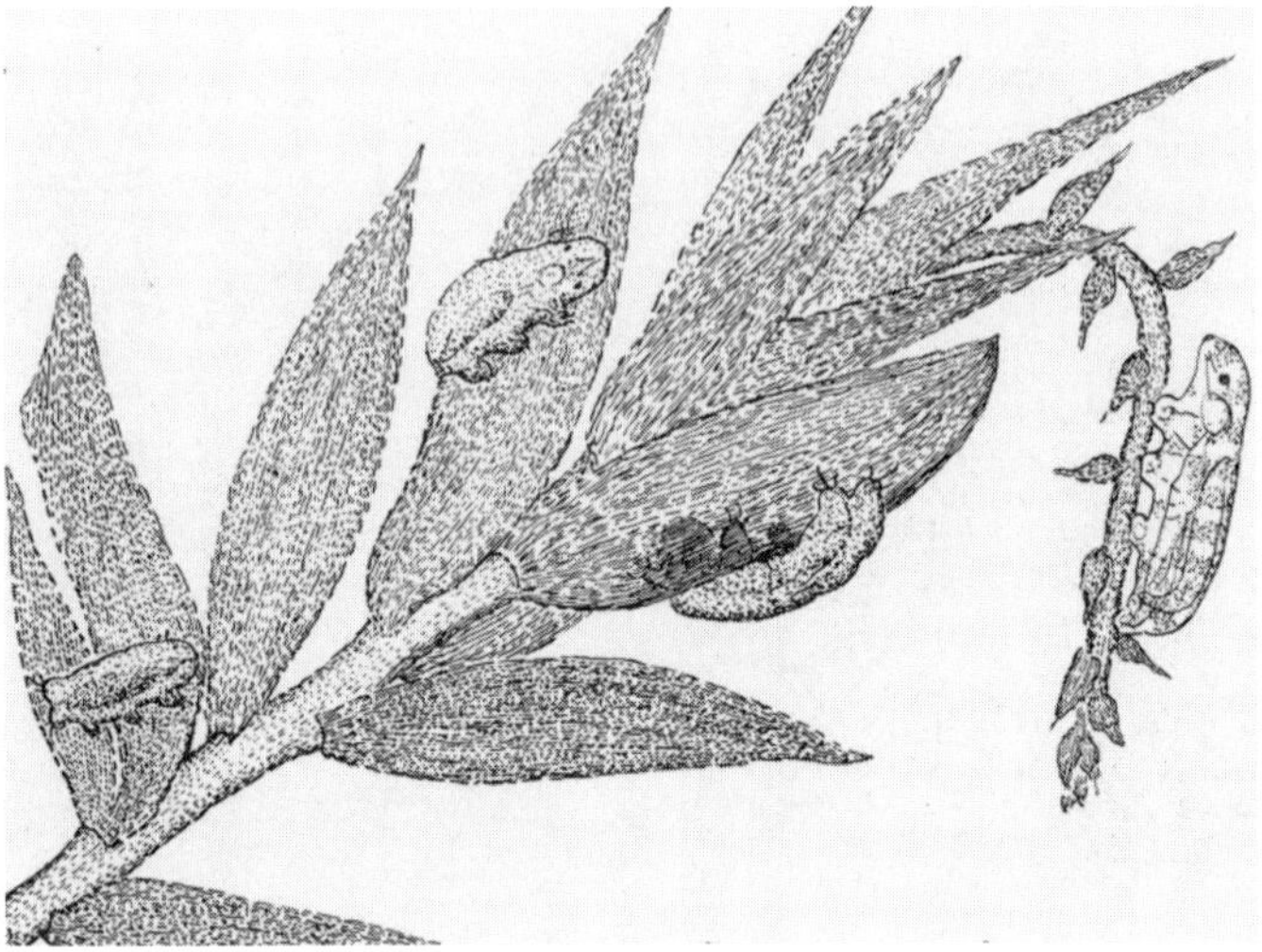

図18　コケの中のクマムシ

るようすをいくつかまとめて書いてある雰囲気です。普通、論文にはこういう絵は描かない。これは本当にこの絵の力で、この本の中のエブリン*の絵の力ですね。それこそ、これは愛情だと思うんですよ（笑）。

——変な話、確かにクマムシが生き生きしていますね（笑）。まあ、面白かったんでしょうね。これをたぶん描いたとき、きっと……。だんだん透けて見えてくると面白い。

鈴木　『クマムシ?!』を書くときに、もともとマルクスという人はよく知らないけど偉い人だとは思っていましたが、実際どういう人なのかはわかっていませんでした。たまたま、二〇〇二年に、ブリオゾア（コケムシ）*の学会が編集したコケムシ学の研究史をまとめた論文集で、マルクスの記事があって、初めてそこでマルクスという人の写真も見られました。もしそういう写真があるなら、見たい見たいと思っていたので、コペンハーゲンの同じ博物館にいたコケムシの大家の先生に「そういう文献を何か見せてほしい」と言ったら、「これか?」とかって出してきてくれて、こんなに出ているんだと思いました。コケムシの研究者の間では周知のことだったんですが、僕はマルクスはクマムシの専門家だとばかり思っていたら、そうじゃなかった。これは、コペンハーゲンに行ってよかったなということの一つです。「こんなものもある、これも持っていっていいよ」と貸してもらった箱の中にはエブ

＊エブリン（Eveline du Bois-Reymond Marcus, 1901-1990）　エルンスト・マルクスの妻。夫の研究を助け、その図版のすべてを描いたのは彼女である。ブラジルに渡って以降、彼女自身が第一著者となった論文も多数出版されている。

＊コケムシ　触手動物門・コケムシ綱。

図19　コケムシ原図より

リンの描いたコケムシ原図が詰まっていました。それをデジカメでひょいひょいと撮って本の中でも使いました。

日本は貴重な資料を保存しておく文化がない

鈴木　そういう一次資料がいっぱいあるというのはいいですね。そういうところに行けてよかったと思います。

――それはまさに、そういうものを保存しておくという文化がないと……。

鈴木　それこそ日本でもやっと今になって博物館学が云々、という状態では……。日本は、東大を筆頭にして、その種のことをないがしろにしてきた歴史があります。明治時代には、東大に博物館がありましたけど、その後「こんなものはいらない」といってつぶしちゃったんです。東大の動物学教室も、「これからは博物学を忘れてください」と言って、させなかった。方針として、そういうことを切り捨ててきた歴史がある。それは時代的な事情もあったのかもしれないけど、やっぱり、日本のやり方は完全に間違いですよ。今は旧国立大学があちこちに博物館というのも一応組織としてはいるけど、やっぱり、過去に捨て去ってきたというのが多すぎる。貴重な標本とかなんかも、誰か教授が代替わりしたときに、いらないからって全部捨てちゃった例もずいぶんあります。

――本当にそうですね。理学系もそうだし、工学系もそうでした。

鈴木　保存しようとしない。

――最近、ロボットの取材で大学に伺うことが多いんですが、ばんばん捨てているんです。それこそ「これが世界で初めての何とか」みたいなロボットも日本には結構ありますが、ボロボロになっていたり、本当にクズみたいになったのを見ると、それでいいのかなと思います。そういうのをまとめてどこかで保管しないんですかね。

鈴木　たとえば、ブリキのおもちゃ博物館とか作るマニアの人たちがいて、「開運！なんでも鑑定団」といった番組でも取り上げられるような「お宝」レベルでは保存されています。個人的には存在していても、研究所レベルでは、そんなこと何にもやっていない。

――でも不思議なのが、ロボットは、いま「ブーム」だとか言われているのに、そういう動きが全くないんですよ。だからそれこそ、生物学の古典的な研究分野だと、ますます……。

鈴木　同じようなことがあるんですね。

――地質学とかも、完璧にそういうところに追いやられていると思います。

鈴木　日本にも、あちこちにある自然史博物館的な施設ができて、昔に比べればそういう名前の博物館は多くなりましたが、日本の博物館の学芸員の仕事は雑用ばかりみたいで、研究者としてやっていくのは困難ですね。展示活動に、学芸員も駆り出されているだろうし……。コペンハーゲンの博物館は、キュレーターは大学の教授です。実際に、展示（エキシビション）にはかかわっていない。

――ふーん。

鈴木　展示は、まったく部門が別の専門家がやります。もちろん、同じ博物館の同僚として名前は知っているし、必要があれば連携できますが、博物館のキュレーターが普段の仕事としてやっているのは、大学の先生と一緒です。授業をやって、あとは研究です。博物館の運営に直接は関係ないですから。

――はい。

鈴木　日本の博物館は、その辺が――僕は直接かかわっていないのでわかりませんが――、たぶんそういう意味では難しい環境なんだろうと想像します。おまけに、どこの研究組織も、いろいろ予算的な締め付けが厳しいし、自由が許されない。そういうところは、国策として間違っていると思いますね。

――科学の、そういった部分の厚さですか。いろいろな意味での厚みとか、そういう意味ですか。

鈴木　厚みは全然違います。僕はアメリカのことはよく知らないけど、アメリカにもスミソニアンとか、他にもあっちこっちに……。

――規模が全然違いますね。

鈴木　違う。

――きっとそういう厚みが、科学雑誌とか、自然科学系の本とかの売り上げにもダイレクトに利いているんですよね。それこそ、間接的というよりは直接的に、利いているんだと思います。日本の市場って、アメリカとかの一〇分の一程度です。

鈴木　そうですか。

――『日経サイエンス』は、オリジナルの『サイエンティフィック・アメリカン』に対して、一〇分の一程度の発行部数だそうです。日米の人口は倍ぐらいしか違わないので、科学への関心の程度が同じなら、半分程度の部数のはずなんですけど……。しかし、実際には一〇倍の差がある。でも、ときどき、科学技術関連予算も一〇倍くらいの差があるとかいわれてますから――実際にそうなのかはちゃんと調べないといけないでしょうが――、仮にそうだとすると、いろんな面で相関しているのかなという気はしますね。しかも、それを何十年とか百年といった単位で続けていくと、積み重ねの差がどんどん広がりますよね。

Part Ⅵ　評　価

一〇〇年の視座を持った研究

鈴木　デンマークでは、五〇年ぶりで世界一周調査航海というプロジェクト*を、今、やっているところです。去年の夏から計画が本格的になって、実際の航海出発は、二〇〇六年の八月末かな。二〇〇七年の春まで八ヵ月間で世界一周をしてサンプルを集めてきます。主に深海のものなんですけど。

——へー。

鈴木　デンマークの研究者たちと話をしていると、予算が足りなくてとか研究費がなくてとか、あっちこっちどんどん縮小されてと、そういう話をするので「どこの国も一緒だね」なんて話が出ます。でも、デンマークは日本よりはるかに小さい国ですが、カールスバーグというビール会社がいっぱい寄付をしているんです。日本は寄付ができない仕組みになっているので、そこからまず残念だし、研究費の仕組みも異なりますが、ともかくやっていることのスケールが全然違う。その世界一周調査航海って、五〇年ぶりで三回目なんです。第二回というのが五〇年前で、第一回は一〇〇年前です。だから一〇〇年前のサンプルというのも、もちろん現存するわけです。

*ガラテア3（Galathea 3）航路などの記録を http://www.galathea3.dk/dk で見ることができる。

――なるほど。そのくらいのスケールなんですね。

鈴木　今、緊急課題で時限付き予算で、博物館云々ということであぁだこうだとやってますが、全部付け焼き刃ですよね、今のやり方って。

――一〇〇年のスケールでは、日本人はなかなか動かないですね。

鈴木　だから「今は博物学は廃れてきた」とかと言っても、日本での話と、ヨーロッパで言っている話では元が違う。要するに、今は分子生物学の時代だというのは向こうでも一緒ですが、博物館への助成金がもともとあったし、今でもあって、それを守っている人たちがいる。日本は、もともとそれを最初から捨てちゃったし、やろうとしている人たちも潰されている。何かそういうところでね……。一番最先端のきらきらしているところだけ比較すると、日本が上のように見えるところもあるけど、何か底力というか、そういう部分を見てみると「上っ面だけ」という感じがどうしてもしちゃう。

――資産が違うということですね。一番最初の基本となる資産。基礎体力というか。

鈴木　ええ。ただ、「資産」は借りたっていいと思うんです。そういう興味を持って、別に日本にこだわらず外国へ行っちゃってもいいわけです。ただ、研究者として、ずっと続けていくためにというか、日本国内でいずれやりたいというときには、なかなか難しいことがある。それに小泉さんが、国策として大学院の門戸を広げて「アメリカと同じ規模でドクターを増やさなければいけない」と訳のわからないことを言ってポスドク*をたくさん増やしてしまったけど、専任ポストの方は増やしてくれないから、みんな路頭に迷ってしまう。ポスドクだけが増えちゃって、若い人たちは大変じゃないですか。

——ええ。どうなんでしょうね。

鈴木　でも政治家は、そういうようなことに思いを馳せないわけですね。

——余り始めてから、余っちゃったから何とか対策費を、って言っていますよね。

鈴木　そんなことは最初からわかっていた。

——ええ、最初からわかっていたことなんですよね。というか、そもそも話が逆ですよね。普通は需要を増やしてから供給を増やすじゃないですか。先に供給を増やしてから需要のことを考えてどうするんだと思います。

鈴木　あまりにも頭が悪過ぎる。すべてそんな具合でしょうがないなという感じです。ヨーロッパから日本を見ていると。日本のニュースなんてほとんど報道されないんです。たまに、インターネットで日本のニュースを見ると、伝えられてくるのはライブドアの話とか、そんな話ばかりで「何をやっているんだ日本は！」とい

*ポスドク　Post-Doctoral Fellow の略語。博士号取得後の任期付き研究職。博士研究員。一九九〇年代に国策として行われた大学院重点化により大学院生が急増したため、一九九六年の「ポストドクター等一万人支援計画」によりポスドク職が急増した。専任ポストは増えないままなので、多数のポスドクがさまよう事態が続いている

う調子に見えるんです。

――ああ、そうですか。

鈴木　世界だと――世界もろくなことがないけど――、たとえば、デンマークで言えば、ムハンマド戯画騒動のときのようにマホメッドの漫画を喜んで流しちゃって、それでイスラム圏から総スカンを食って、えらいことになっている。そういうのもあるけど――でも何となくニュースの根が違うという気がする。日本のニュースはマスコミに踊らされているところもあるし、何か薄っぺらなところで喜んでいるし、バラエティーって感じですね。

自由な研究を阻むな

鈴木　クマムシの話とは全然関係がないんだけど、外国に行っていろいろ思ったのは、日本の底の浅さですね。
――ふーん……。
鈴木　全体に「不真面目」という感じがします。雰囲気が。もちろん個々人は、みんな一生懸命にやっているとしても、何か浮ついているというか、バブルみたいな感じ。

――考えている時間スケールが短過ぎるなというのは感じますね、研究者の人たちでさえ。

鈴木　ほかの面でもそうだけど、評価、実績、そういうアメリカ風のやり方が過度に、それでいいんだという態勢が突っ走っちゃってますから。一つの研究のタームが短過ぎるというか……。製薬会社あたりは昔からそうだったみたいで、五年、一〇年という先を見通したテーマというのは難しいという話は聞いたことがありますが……。それが、大学の研究者でも同じになっているというのがおかしい。

――たしかにメーカーの現場は三年で成果を必ず出せとか言われているかもしれませんけども、ただ一方、メーカーの方が、五年一〇年の中長期経営戦略をちゃんと立ててますね。メーカーによっては、二〇年後の製品開発のための基礎研究も、最初から二〇年後の世界を想定して進めていたりする。だから実は、まだ企業の方がマシなんじゃないかなと思います。

鈴木　なるほど。大学はその辺がまだ……。まあ、これからどうなるかわからないけど、でも今、過度にまた変なことばかりやっているので……。

――独立行政法人化があってからですか。

鈴木　そうそう。浮き足立っている。そういう体力がなさ過ぎです。

――何となくの印象ですが……。企業の人たちは意外と、一〇年かけて物を開発することに慣れている感じはします。一〇年基礎研究をやって、その次の一〇年で製品化をするというスタイルです。

鈴木　最終的にもうけると……。

――しかも彼らは、それをすでに経験している。だから一〇年二〇年、かなりしっかりした見通しとマイルストーンを立てておいて、気長に待つことができる。もちろん大手の話ですが。彼らはそういうシステムを実はきちんと持っていて、なおかつ下の方では三年単位で、お金をもうけるという仕組みも作っている。けれど、大学の研究者の方々は、実はそういう経験をしたことがない人たちばかりなので……。

鈴木　まあ、みんな一人社長だからね（笑）。大学全体としての利益を求めていく必要がなかったし、自分の研究室のことしか考えていないし。

――はい。だから最近、僕は、若い研究者の方々には、三〇年後どうするとか、三〇年後のプロジェクトとかを考えてくださいって言っているんですけど。三〇年ってあっという間ですね。特に、研究者の方だと三〇歳でようやくプロとして独り立ちみたいなところがありますよね。三〇年たつともう六〇歳で定年で、要するに三〇年かけたことをやると一個しかできないということです。三〇歳になったら、もう考えないとだめだということですよね。

鈴木　僕はそれが四〇歳になってからだったわけです。

――その中で、先にゴールを考えて、そこから逆にそれをブレークダウンしていって、ストラクチャーを分解し、一個一個の要素をどう落としていくかとかいうステップは、企業の人は意外と慣れている感じがします。話を聞いていると。そういう、ワーク・ブレークダウン・ストラクチャー*とかいうやり方も、彼らの中には確立されています。

鈴木　そういうところは、それこそプロの世界ですね。たしかに研究者の世界は、その部分はアマチュアかもしれないですね。教わってもいないし。

――もったいない感じがします。うまく折り合いながら、こういう本当に普通に見て面白いじゃんという文化を、どうやって育んでいくかといった戦略を、本当は文部科学省とかJST*の人は考えてほしいなと思うんですけど。

鈴木　文部科学省はだめでしょう。何年か間隔でコロコロ人が代わっちゃって責任を取らないから。

――そうですね。

鈴木　××あたりのいくつかの研究所もそうでしょう。ヘッドになる人も、昔はみんな研究者だったかもしれないけども、霞が関へ行って政治学を学んできて、自分の保身しか考えていないらしいから……。研究計画というのは途中で変わるもの

＊ワーク・ブレークダウン・ストラクチャー　作業分割構成。ある仕事のすべての工程を明確に定義し把握する、プロジェクト管理のための手法。

＊JST（Japan Science and Technology Agency）　独立行政法人科学技術振興機構。「我が国の科学技術システム改革を先導し、科学技術政策の新たな流れを作り出す」との強い理念に基づき、種々の大型研究予算を提供しているが、その方針は科研費と比べてきわめて政策主導的である。

だということを理解しようとしない。理解していても「それはもうできない」と言い張って、予算の自由度を認めない。

――うーん。

鈴木　だから研究費の不正流用の問題にしても――実際に悪いことをしている人もいるかもしれないけど――、システム自体がそうさせるようになっている。もちろん今は、あまり変なことはできないし、勝手なことは言えませんが……。だけど、自由な研究を阻むようなことばかりしておいて、だけど、いかにも「自由な研究をしてください」という御膳立てを作っているかのように振る舞っているというのは、けしからんですよね。

――そんな印象ですか。

鈴木　ええ。

好奇心だけで成り立つ世界はあるか

――さっきの昆虫の精子形成とかの話とかでは、予算が出ないというのは、なかなか……

鈴木　あれは、僕の能力の限界ですけどね。

――でも、そういうものなんですかね。僕はむしろ、普通の人はそういうことに興味があるんじゃないかと思うんですよ。分子生物学的な話ばかりじゃなくて。

鈴木　でもね、意外にそうじゃないんですよ。

――そうなんですか。

鈴木　僕はずっと昔――動物学会に初めて行ったときかな――、大学院生で先輩と学会へ行った夜、どこかに飲みに行こうという話になり、その日に開店したばかりのパブみたいなところに行ったんですよ。お店の女の人から「何しにみえたんですか、こちらの町まで」と聞かれて、「動物学会というのがあって」と答えたら、「学会ですか、何の研究をされているんですか」と尋ねるので、仲間の一人は、たまたまテーマが癌か何かに絡むようなテーマだったのでそういう話をしたんです。そしたらものすごく尊敬された。「じゃあ、そちらのお隣の方は」ということで、僕の隣にいた先輩が「僕はメダカの研究をやっています」と言ったら、「メダカ？　はあー！」でおしまい。僕は「カイコをやっています」と答えたら、「虫ですか」でおしまい。

――昔は、カイコもやっていたんですか。

鈴木　大学院生のときは。

――なるほど（笑）。

鈴木　そうですね。すごくあからさまに、癌の研究をするというと尊敬されて、虫けらの研究というと素通り（笑）。

――虫けらの研究ですか（笑）。研究者まで虫けら扱いかよ、って感じですね（笑）。

鈴木　そういうところはありました（笑）。

――それもあるかもしれない。一方で、さっきも出しましたけど、天文学がわかりやすい例だと思いますが、天文学は……？

鈴木　やっぱり宣伝の仕方だろうね、面白さの……。

――はい。天文学は学会を挙げて、ずっと前からやってきて、それこそ一生懸命、文化にしてきたという歴史がありますしね。

鈴木　たとえば動物で言えば『どうぶつ奇想天外！』であり、昔なら、僕が子供のころに見て熱中した『野生の王国』とか……。ああいう番組に子供は熱中しますからね。動物がかわいいというだけで、それでそれを研究して何になるのといったら、別に何にもならなくたって面白いからいいということですよね。

――ええ。

鈴木　そういうことを紹介して成り立つ世界もある。天文学もそうだと思うんですけど、純粋に面白いというだけで成りたつ。大学の中の文学部で、映画評をやっている人たちを見て、それをやって何の役に立つのと言っても、面白いからやっているんですよね。万人に受けるかどうかは別で、そういうものを求めている人たちがいれば成り立つ。

——はい。

鈴木　もちろん批判をされることもあるだろうけど、でもそれは受ければいいのであって……。そうすると、特に「サイエンス」と呼ばれる分野では、何か応用科学という印象ばかりを研究者自身も持とうとしているけど、それはそうじゃなくて、好奇心だけで成り立つ場合もあると思いますね。

——豊かにしてくれたら僕はいいと思います。僕みたいなのが思うだけかもしれない。というか、僕がどっちかというと自分の仕事を正当化するために、自分の中でそう思っているだけかもしれませんけど……。

鈴木　でも、本当にそうだと思いますよ。

——今日、先生のお話を伺って、たぶん僕はこれから、コケを見るたびに「この中にクマムシがいるのかな？」とか思うようになるだろう、と思います。

鈴木　ああ、それはうれしいですね。

クマムシの研究って何の役に立つの、と聞かれたら

鈴木　僕は所属が医学部ですから、慶應大学医学部でクマムシの研究なんてやって怒られるんじゃないかと最初は思いました。誰が怒るかというのは知りませんけど……。どこかから「クマムシをやって何の役に立つの」と言われたときに、もしそういう場合があったら、どういうふうに答えるかなと、やり始めたばかりのとき——特に最初の二〇〇〇年の正月以降春にかけて、最初の二～三カ月——は、いつも考えていましたね。

——そうなんですか。

鈴木　自分が面白いからいいやと思っていたんですけど、人に何かを説明するときに、それをこじつけで、人の生活の、たとえば医療現場にこう役に立つとかと言うと、それはあまりにもうさんくさいし、それはできない。医学部の理念としては、慶應大学で言えばやっぱりいい医者をつくることです。あるいはどこの医学部でも「QOLを高める」*と言っていますよね。病気を治すことが最終目的じゃなくて、人間らしい生活を送る手助けをするというのが医学だという、そういう言い方をしてます。だったら僕は、その言い方を借りればいいと。

＊QOL（Quality of Life）「生活の質」。病気を治療すること自体ではなく、「より良い生活」を送れるように助力することが医学の目標として掲げられるようになっている。

――ええ。

鈴木　「クマムシをやって何か役に立つの」と聞かれたら、役に立つかどうかはすぐにはわからないが、人の生活を豊かにするかもしれませんねということです（笑）。心を豊かにする。少なくとも俺の心は豊かにしていると、そういうことです。

――（笑）。

鈴木　その線でいいなと思っていたんですが、困ったことにというか、幸か不幸か、今に至るまで、誰もそういう突っ込みを入れてくれなかった。いわば、野放しです。だから、そういう言い訳をする必要もなかった。

――野放しか。

鈴木　こういう本を書いて、あっちこっちで意外に反響があるということは、それでよかったのかなと思います

――そうじゃないですか。これはちなみに、今、何部ぐらい出ているんですか。

鈴木　一二月（二〇〇六年）に六刷まで決まっています。だから一万部を超えたぐらい。

――今、科学書で一万を超えたら大変なことですから、本当にすごいと思います。しかも、こういう王道の本が売れるというのは、僕らにとってはすごくうれしいことです。この本に関係していなくても、たぶんみんなうれしいと思うでしょうね。

科学書業界の人とかは。

鈴木　そうですか。

クマムシをきちんと紹介した世界で唯一の本？

――それと、たぶん望まれていたというのもありますね。それこそ先生がおっしゃったように「クマムシって本当にそんな生き物なの？」と、みんな思っていたと思うので。

鈴木　何でなかったのかとは不思議です。これは英語圏でも、いまだにそうですよ。

――そうなんですか。

鈴木　本の後ろのほうにも、当時一冊だけあったと紹介した本がありますが、その本も、一般的読み物という感じではなく、ちょっと専門書の入門編みたいな感じの本です。クマムシだけで一冊という一般的読み物は、英語の本としても出ていない。

――そうか。

鈴木　フランス語の本で、戦後のころに一冊出たものがあります。僕はフランス語をすらすら読めないので一応持ってはいますが、一般向けの読み物といえば言えるのだろうな、という本があります。五〇年以上前の。だけど今はない、そういったものは。

——ふーん。

鈴木　まだデンマークにいて日本に帰国する直前に、だいたいの原稿を書き上げていたんですが、本の中で使用するための文献を探して動物学博物館の図書館にお世話になって、一生懸命集めまくっていたんです。そうすると、そのことを周りの連中も知っているので「お前は何でまた、こんな古い絵ばかり集めて、何をするんだ？」と不思議がられました。でも口絵に引用した本を見せたら、これは見たことがないとかいった話になって……。それから、これなんかも向こうで一緒にやっていた教授が「俺はこれを見たことがあるぞ」とか言って食いついてきたりしてね。もちろん図書館に元があるんですけど。一番おおもとの昔の雑誌でしか見られないから、インターネットを探し回っても引用している人がいないです。

——へー。

鈴木　それで、きちんとちゃんと著作権の問題をクリアして、紹介するということができたら本当にいいなと思っていました。で、そういう本の原稿を書いていたら「何で英語で書かないのか」ってみんなから言われました。「日本語で書かれたって俺は読めないから、英語にしてくれ」とか言われて……。でも英語にしろったってね。英語でそういうエッセーみたいなものを書く能力は僕にはないので、誰か翻訳してくれたらうれしいんだけど、とかって言って（笑）。

――岩波科学ライブラリーの英語版とかあるといいんですけどね。

鈴木　そうですね。

――岩波書店も本当はそういう仕事やってほしいなあ。岩波に限りませんが。日本人も面白い本をいろいろ書いているじゃないですか。

鈴木　やっぱり、日本語はローカルだからね。英語になったらデンマーク人だって読めます。デンマーク人がデンマーク語で書いても誰も読めないけど、あっちの人は全員バイリンガルなので、専門的なものは英語で読んでいますから。

――ふーん。そうか一万部か。一万人は、そういうことに興味を持つ人がいるということですね。

鈴木　いるかどうかはわからないけど、一応そのぐらいはたぶん出庫されつつある。でもね、たとえば僕が著者割引のやつを買って、あちこちにただで配った本が、どの程度読まれているかというと……。「読んでね」と言って渡しても、その辺に積んでおくだけで読んでいないやつも、たぶんいっぱいあるなとは思うんですね。

——え、そうですか。これは本当に、別にお世辞で言うわけじゃないんですけど

——僕は一応、科学書の書評屋でもあるので、いろいろ本が送られてくるんですよ

——、こうやって積んでおいたんですけど、ぱっと何気なく読み始めたら止まらなくなって、三分の二くらいまで一気に読んでいましたから。

鈴木　あ、そうですか。でもそれは人による。うちの親なんていうのは、まだ読んでいないですよ（笑）。何を書いてあるのかわからない、興味のない人には興味がない。あと、虫が嫌いな人には読めないとか。

——ああ、そうでしょうね、こういう絵が、もう絵を見た瞬間だめとか。カイコとかはよく言われるんじゃないですか。

鈴木　虫が嫌いな人は、これはもうだめだって。最近、自分でも気になって、あちこちのブログを見たんですけど、すると結構、一日にいくつかあちこちで話題になっていますが、虫が嫌いな人にとっては、ちょっとこれは、というのは結構ある。

——虫じゃないのに。でもムシといえばムシか。

鈴木　こういう絵を見ると、かわいいと言う人が多いとしても、足が生えているこういうのを見ただけで、もう嫌と言っている人もいるんですね。

——あんなふうにくねくね歩いている時点で、ちょっと気持ち悪いというのはあるかもしれませんね。

鈴木　だから万人に受けるわけじゃない。それは当然ですよ、あまりそうだとしたら、かえって気持ち悪い。でもたとえば、一〇人いたら半分以上は面白いという感じのものかなという気はします。普通だったら、大学で一〇〇人を相手に授業をやっていて、そのうち一割でも興味を持ってくれたら本当は大成功じゃないかなと思いますからね。いつも、そんなつもりで話をしています。落語家のように全員を笑わせるというのは、もともと無理なんで。

――そうでしょうね。クマムシが腹の中にいるとかだったら別ですけどね。

鈴木　それだと気持ち悪いけど、それこそ寄生虫の問題と一緒で、研究テーマとしては成り立つんです。

――なるほどね。わかりました。ファン必見の図版も多数掲載というのもポイントだと。

鈴木　うん。

『クマムシ?!』誕生に至るまで

鈴木　岩波書店の塩田さんの――ほんと「あとがき」にも書いたように――の熱

意がなかったら、この本は生まれなかったわけでね。

――その塩田さんという方から先生にコンタクトがあったんですか、それとも先生から？

鈴木 向こうからです。二〇〇五年の一〇月ぐらいですか。

――どうやって先生を発掘されたんですか。

鈴木 「クマムシゲノムプロジェクト」*というのがあるじゃないですか。

――ああ、ホームページの。

鈴木 あそこからたどってこられたみたいです。いろいろな人に話を聞いてから僕のところに来た。

――クマムシの本がいけるんじゃないかと、彼女が先に目を付けて。

鈴木 最初に僕に目を付けたんじゃなくて、いろいろたどって、あっちこっちで「まだその時期じゃない」とか、曲がりくねってこっちへ来た。僕は「今こそ、その時期だ」と思ったので、「いいじゃないですか」と。

――なるほど。それで、先生がさくっと書いてくれる方だったからよかったんですよね。大学の先生に依頼すると何かと執筆に時間がかかって原稿が出てこないということがよくありますから（笑）。

鈴木 そうですか。タイミングはよかったですね。僕が一年間、大学の仕事から

＊クマムシゲノムプロジェクト
http://kumamushi.net/

解放されていたんで、時間はあった。日本にいたら難しいです。こんなことをゆっくりとは考えられない。おまけに、こんな絵、この元の絵が見たいなとライブラリアンに頼めば「これでしょう」とぱっと出てくる、夢のような環境がありましたから。

――本来、ライブラリアンというのは、そういう仕事をしているはずですよね。日本だとそうはいかないけど。

鈴木　全部が全部じゃないかもしれないけど、もともと図書館自体がそういう環境になっていないから……。自前でそういう本が探せる場合は出てくるんだけど、外に依頼しなければいけない場合は、デンマークでもなかなかそう簡単には出てこないかもしれない。僕が使ったものというのは、ほとんどコペンハーゲンにあったんです。コペンハーゲンというか、デンマーク国内にあった。

クマムシのゲノム研究の可能性

――ところでいま話が出ましたが、「クマムシゲノムプロジェクト」というのは

――本の中にも確か触れられていたような気がするんですけど、本当にあるんです

か。それとも、あれはホームページを立ち上げているだけなんですか？

鈴木　あのホームページは、もうだいぶ昔からあります。五年以上前から。

――ええ。かなり前からありますね。

鈴木　あれは、片山さん*という人がやっているんです。彼は今は東大にいるけど、もともとは京大かな。彼が京大にいたころから、彼の個人的興味でやってるんです。要するにファンクラブです。ファンサイトとしてやってる。

――実際にそういうプロジェクトがあるわけではなくて、そういう名前を付けてファンサイトをやっているという感じなんですね。

鈴木　だけど、今、その片山さん本人が、本当のゲノムプロジェクトの中にいる人なんです。彼はその中のバイオインフォマティックス*の人なんです。要するに、ゲノム情報おのおのを情報として扱うことをやっている人たちです。ゲノムプロジェクト絡みで興味を持っている人はいますから、まったくの夢物語ではない。始まるかもしれない。

――それこそクリプトビオシスに焦点を絞って、とかいったプロジェクトは、あり得るかもしれない？

鈴木　でも、ゲノムプロジェクトというのはゲノム自体が焦点なので、あれは遺伝情報の全体でしょう。クマムシの遺伝情報丸ごとがクマムシゲノムなので。

*片山俊明　東京大学医科学研究所ヒトゲノム解析センターゲノムデータベース分野助教。

*バイオインフォマティクス（Bioinformatics）　生物情報学。

――そうですね。まずゲノムを丸ごと取って、それからという感じになるんですね。

鈴木　もちろん、それをやってどうなるのって、その後のことを考えた場合には、テーマの一つとしては当然クリプトビオシスはあると思いますけど。

――なるほど。たとえば、クリプトビオシスだけのまとまったシンポジウムをやろうとか、そういう話はないんですか。何かありそうな感じがしますが。

鈴木　そういう国際学会が、去年（二〇〇五年）の夏にデンマークでたまたま、あったらしいです。僕は知らなかったんですが。

――あれ、そうなんですか。

鈴木　コペンハーゲンの隣にロスキレという、これも有名なバイキングの博物館がある古い町ですけど、そこでクリプトビオシス絡みの国際シンポジウムがありました。

――ほう。

鈴木　日本からも何人か参加したはずです。ネムリユスリカの研究グループも参加しています。当然、クリプトビオシスというのは大きな研究テーマなので、それはあります。クリプトビオシス自体は、動物だけじゃなくて植物も、要するに生物全体の問題です。

——はい。そうですね。植物の種とかもそうでしょうし。

鈴木　そのシンポジウムのタイトルが何だったか、うろ覚えなんですけど……。クリプトビオシスというだけで、研究は山のようにあります。

——そうですか。その辺でも面白いことがわかってくるといいですね。どうもありがとうございました。本当に今日はお時間をいただきまして。

鈴木　いいえ。とりとめもない話で、すみません。

——こちらこそ、とりとめのない聞き方ばかりで。いつものことなんですが（笑）。どうも有り難うございました。

あとがき

森山さんから取材を受けたのは二〇〇六年一〇月三〇日の午後だった。大学の研究室に来られて、クマムシを見ながらしばらく対談し、それから日吉の街の静かな喫茶店に移動して、おいしい珈琲をおかわりしながら、またひとしきり話した。なんだかずっと雑談しているような感覚で、終わってから時計を見たらもう四時間も経っていた。その時の記録をもとに、森山さんがメールマガジンを配信されたのだが、その原稿をいただいて目を通したときに、なんていろいろなことをしゃべっているのだろうと、われながら驚いてしまった。普段からこんなことを考えていたのか、私は。ひょっとしたら森山さんがあれこれ増量してくれたのではないかという気がした。今こうして本の形となって、そのときの対談が残るのも嬉しいような恥ずかしいような変な感覚である。それはともかく、森山さんの「まえがき」に対して私も「あとがき」を書いてみることにする。

*

『クマムシ?!』の原稿を書いたのは、デンマーク留学中のことで、その一年間は学事などの大学の仕事から完全に解放されて研究のことだけを考えていれば良かった。北欧の夏の長い長い夕暮れ時、あまりにもゆったりとした時間を持て余しながら、どんどんビールを飲んでまだ明るいうちに寝てしまっていたものだ。ところが秋も深まり始めた頃、クマムシについて本を書けないか、という話が舞い込んできた。それからの長く続く暗い冬の時間、ひとりで鬱にもならず楽しく暮らせたわけは、その夏にベルギーで出会ったパリ在住の日本女性（現在の妻）との遠距離恋愛（と自分では思っていた。じつはその頃まだ彼女は特別な感情はなかったらしいのだが、その彼女が存在したこと）もさることながら、もうひとつ、クマムシ本の原稿を抱えていたから、というのも大きな要因である。この『クマムシ?!』という本は、いつかこんな本を読んでみたいものだと念じていたものを、岩波書店の応援を受けて形にしたものである。この本は、帰国後の二〇〇六年八月に出版された。

『クマムシ?!』の出版される前には、日本語で読めるような一般向けの解説書がなく、インターネットの世界にはクマムシに関するまことしやかな噂話が出回っていた。クマムシは何をしても死なないとか、水がなくても一〇〇年以上も耐えられるとか、核戦争があって人類が滅びてもクマムシだけは生き残るとか、これらはほとんど根拠のない話である。しかし、ある種のクマムシが乾燥した状態に限っては、びっくりするような耐久性を示すし、水をかければたちまちよみがえって動き始めるというのは本当なのだ。ネットの無料情報のなかで、正確な情報をよりわけるのは簡単ではない。

クマムシ本が出版されたことによって、そのような状況が改善されただろうか。全然そうはならなかった。クマムシ本が売れなかったからではない。むしろ意外なほど良い反響があって、快調に増刷されていったのだ。ありがたいことに、各社の新聞紙上に書評が載り、また私の紹介も載った。いくつかのラジオ番組の中でもクマムシが紹介された。一度はテレビの深夜番組にも出演した。いくつかの雑誌にも載った。かなりの部数が出回る無料雑誌でも取り上げられた。なんと『東スポ』や『週刊プレイボーイ』にも載った。これはおそらく生物学研究者としては画期的（！）だったのではなかろうか。いやいや、それだけクマムシが際物扱いされている証拠なのかもしれない。

これらのメディア以外では、私の『クマムシ?!』を実際に読んで、ブログで紹介してくれる奇特な人もずいぶんあらわれた。このような評判がさらに噂をよんで、おそらくかなり多くの人がインターネットで「クマムシ」を検索したことだろう。しかし、そこで出てくるのはネット上に流れる無料の情報で、かなり眉唾な怪しい話が多いのは以前のままだ。そしてそれを読んだ人たちが、またそれを自分のブログに転載する。かくして、それまで氾濫していたさまざまな噂話が大増幅するという、ものすごく皮肉な状況がうまれたのだった。でも、こうした現象は現在の世の中の色々な場面で、ごく普通に起こっていることなのかもしれない。

*

私のクマムシ研究は四〇歳になる正月から始まった。デンマークへの留学は四五歳の時である。森山さんの話の中でも出てきたように、これは研究者の一生を考えるといささか遅すぎたわけだが、それだけでなく、普通よりもかなり遅れて、一生の節目となるような出来事が大挙して一気に押し寄せて来た。

というのは、デンマーク留学から戻ってしばらくして、私は初めて結婚をした。それから土地を見つけ、新しい家を建てた。父が他界した。入れ替わるように赤ん坊が生まれた。これらが『クマムシ?!』出版後の一年半でつぎつぎに起こった。私のクマムシ研究はそれらの出来事の中で、そしてもちろん、大学の多くの仕事の合間に、ほそぼそと続けられている。ほんとうに遅々とした歩みなのだが、少しずつ前進しているような気がしている。オニクマムシの雄に関する論文は苦労の末、つい先日、ようやく掲載受理の通知を受け取ったところだ。

科研費は、申請しても通らないのはあいかわらずである。このようなところで愚痴るのは、はしたないし、みっともないだけなのだが、申請書を書くための労力というのは論文を書くのと同じぐらい大変である。論文原稿を投稿した時には「やっとこれで一つ仕事を公開できるのかな」とある程度肩の荷が降りた感じがするものだ。その後、たいてい投稿先の編集者からは「掲載拒否」の通知があったりする。そんな時はもちろんがっくり落胆するのだが、すぐ気を取り直し、データも取り直し、論点をもう一度整理して、さらに磨き上げた原稿として再投稿すれば良い。

しかし、科研費申請が通らない時は、それでおしまいである。「不採択」と、どこかの偉い人が断定するのである。功利主義社会の現代日本においては、研究費はもっと役に立ちそうなテーマにふりむけられるわけだ。つい最近の極端な例では、もはや誰でも知っているiPS細胞の発見という画期的な成果に対して、あっと言う間に何十億という単位のお金がつぎ込まれることになった。しかもこれが、その発見のために特別な予算が組まれたわけではなく、それが見つかった後で、というところが、いかにも「らしい」ところだ。この国では、おそらく明治時代このかた、すぐに役に立ちそうな事にしか予算を認めないという習慣が確立しているのだろう。

それでも、というか、だからこそ、外部資金とか競争的研究費と呼ばれる「お金の獲得」が最近の研究者にとって最大の課題であるかのようである。お金を獲得する能力で研究者の評価がかなり決まってしまう。私の大学でも、研究資金獲得にむけての勉強会がひらかれたりしている。そんなヒマがあるなら、顕微鏡を覗くか、静かに本でも読んでいたいところなのだが。

外部からの「競争的」研究費がもらえなくても、顕微鏡さえあれば、私の仕事はほそぼそと続けられる。しかしやっぱり、自由になる個人研究費があるのとないのとではえらい違いである。さいわい、二〇〇七年度は民間の研究費の一つが認められて旅費を潤沢に確保できたので、念願の海のクマムシ研究を開始した。その研究計画をたてる段階では時間的な余裕があるはずだった。ところが……、実際には、妻の悪阻が重くなって以来、私が分担する家事の割合が増大し、出産後にはほとんど育児休業同然の状態のなかで研究を遂行せざるを得ないことになった。

結局、沖縄や天草など数カ所での採集はできたのだが、年度内に予算をすべて消化することが不可能となって、かなりの額を残してしまった。つまり、残金を泣く泣く返却することになった。研究費の貯金はできないのであった。おまけに、毎度のことながら年度末は大学入試と重なっていて、研究以外の仕事がもっとも苛酷になる。せっかくの採集試料も、なかなかゆっくりと観察するわけにはいかないのだった。

愚痴はいい加減このぐらいにしておこう。海で採ってきた砂粒やフジツボのなかには、面白い形をしたクマムシがたくさん含まれていることがわかった。顕微鏡でそれらを眺めていると、つい時間を忘れて、地人書館のための原稿もそっちのけになってしまうのだった。現在は、それらの標本をできるだけ整理して、将来の研究に備えようとしているところである。

＊

私自身はクリプトビオシス研究そのものとは、ある程度の距離をおいているが、クマムシの研究といえば、どうしてもそれが一般的な興味の焦点となるのは当然である。それに、私の研究テーマがクマムシのナチュラルヒストリーだとすれば、クリプトビオシスはもちろん非常に重要な要素である。『クマムシ?!』では、クリプトビオシスをめぐる研究の最先端についてはあえて詳しく紹介するのを避けたが、それは当時の段階では、詳しくかつ面白くは書きようがなかったからだ。森山さんの『日経サイエンス』に載った書評では、そのあたりがやや物足りないと書かれたものだ。

じつは研究の状況は現在でもまだ、たいして変わってはいないのだが、最近の研究ではトレハロースの役割が以前に考えられていたほど重要ではないらしいことがわかってきている。というのは、クリプトビオシス能力を持つ重要な仲間であるヒルガタワムシでは、トレハロースもそれにかわる糖も利用していないことが判明し、また通常はトレハロースが認められる酵母では、それを利用できない突然変異体であってもクリプトビオシスが可能だったりして、どうもトレハロースの旗色が悪い状況である。かわって、植物の種子が形成される過程で発現するLEAタンパク質という分子が、鍵を握っている可能性がますます大きくなってきている。

クリプトビオシス状態における、尋常ならざる耐久性に関しては、岡山大学において七・五ギガパスカル（GPa）というとてつもない高圧をかける実験がされ二〇〇七年に発表された。それによればクマムシ樽は、まださらに高圧に耐えられそうである。また同年の秋にはクマムシ樽を積んだEUのロケットが宇宙から帰還したというニュースが伝えられた。宇宙線をあびた影響についての解析結果は現時点ではまだ公表されていない。

＊

Discover 誌の一九九五年四月号に Life on a grain of sand という題名の記事が載っている。これは、フロリダの海辺で微小な動物を探索するロバート・ヒギンズ教授のインタビュー記事だ。詩人ウィリアム・ブレイクは一粒の砂に世界を見たが、実際そこにはクマムシをはじめとした微小動物の驚くほど多様な世界がひろがっている。コケの葉の間で繰り広げられるクリプトビオシス動物（クマムシ、線虫、ワム

シ）の生活も面白いし、一粒の砂の上の小さな動物たちの多様性も面白い。私は、これら微細な「野生の王国」をこれからも探検していきたい。あなたもいかがですか、面白いですよ。今あなたがお持ちになっているこの本や、それから『クマムシ?!』が、その些細なきっかけとなったら幸いである。

二〇〇八年六月　日吉のカフェーにて

鈴木忠

図版の出典

p.22　図1　節クマムシの仲間　Richters, F. & Krumbach, T. Tardigrada. In "Handbuch der Zoologie Vol.3" Ed. by W. Kükenthal & T. Krumbach, Walter de Gruyter & Co, Berlin and Leipzig, pp 1-68 (1926).

p.32　図2　オニクマムシ　Doyére, L., Mémoire sur les tardigrades, *Ann. Sci. Nat.* sér. 2, 14:269-361 (1840).

p.39　図4　オニクマムシのウンコ　Suzuki, A. C., Life history of *Milnesium tardigradum* Doyére (Tardigrada) under a rearing environment. *Zoological Science* 20: 49-57 (2003).

p.57　図6　琥珀に入ったクマムシの化石　*Milnesium swolenskyi* Bertolani, R. & Grimaldi, D. A new Eutardigrade (Tardigrada: Milnesiidae) in amber from the Upper Cretaceous (Turonian) of New Jersey. In "Studies on Fossils in Amber, with Particular Reference to the Cretaceous of New Jersey" Ed. by D. Grimaldi, Backhuys Publishers, Leiden, pp 103-110 (2000).

p.60　図7　カギムシ（有爪動物）　Muir, F. & Kershaw, J. C. *Peripatus ceramensis,* n.sp. *The Quarterly Journal of Microscopical Science* 53: 1-4 (1909).

p.101　図11　Tanarctus bubulubus　R.M. Kristensen 教授（コペンハーゲン大学）提供。

p.107　図12　イソトゲクマムシの図　西村三郎・鈴木克美共著『海岸動物』《標準原色図鑑全集16》保育社(1971)。

p.145　図14　オニクマムシの筋肉と神経系　L. Doyére, Mémoire sur les tardigrades, *Ann. Sci. Nat.* sér. 2, 14:269-361 (1840).

p.152　図15　イタチムシ類　Lemane, A. Gastrotricha. In "Handbuch der Zoologie Vol 2" Ed. by W. Kükenthal & T. Krumbach, Walter de Gruyter & Co, Berlin and Leipzig, pp 121-186 (1929).

p.152　図16　オビムシ類　Lemane, A. Gastrotricha. In "Handbuch der Zoologie Vol 2" Ed. by W. Kükenthal & T. Krumbach, Walter de Gruyter & Co, Berlin and Leipzig, pp 121-186 (1929).

p.159　図17　ミュラーのクマムシ　Müller, O. F., Von den Bärthierchen, *Archiv zur Insektengeschichte* 6: 25-31, tab. 36, Zürich (1785).

p.162　図18　コケの中のクマムシ　Marcus, E. Zur Ökologie und Physiologie der Tardigraden. *Zool Jahrb Abt Allg Zool Physiol Tiere* 44:323-370 (1927).

p.164　図19　コケムシ原図より　Claus Nielsen 教授（コペンハーゲン大学）提供。

出典表記のない図は著者（鈴木忠）撮影。

索　　引

著者紹介
鈴木　忠（すずき・あつし）
慶應義塾大学医学部専任講師。1960年愛知県生まれ。子供の頃、夏に一日だけ海へ連れて行ってもらうのが楽しみだった。いまだに潮だまりで遊ぶ夢を見ることがある。少年時代は昆虫採集とプラモデル作りに熱中。名古屋大学理学部生物学科で選んだ道は昆虫変態に関する生理・生化学。古き良き時代の動物学と分子生物学の混ざった雰囲気の中で育ち、また当時名古屋にあった画廊（兼酒場）「がらん屋」では様々な人間模様を学ぶ。1988年同大学院を単位取得退学後、浜松医科大学で糖脂質に関する研究に従事。1991年より慶應義塾大学医学部生物学教室でコオロギ精子形成について研究し、1998年に金沢大学大学院自然科学研究科より学位取得（理学博士）。2000年よりクマムシの世界にはまる。2005年春より1年間コペンハーゲン大学動物学博物館で海産クマムシの卵形成について研究。2006年『クマムシ?!』（岩波書店）を著す。趣味の音楽では、おもにバロックファゴットを演奏している。
森山和道（もりやま・かずみち）
フリーランスのサイエンスライター。1970年生まれ。愛媛県宇和島市出身。1993年に広島大学理学部地質学科卒業。同年、NHKにディレクターとして入局。教育番組、芸能系生放送番組、ポップな科学番組等の制作に従事する。1997年8月末日退職。フリーライターになる。現在、科学技術分野全般を対象に取材執筆を行なう。特に脳科学、ロボティクス、インターフェースデザイン分野。研究者インタビューを得意とする。メールマガジン「サイエンス・メール」、「ポピュラー・サイエンス・ノード」編集発行人。
http://moriyama.com/

クマムシを飼うには

博物学から始めるクマムシ研究

2008年 7月30日　初版第1刷

著　者　鈴木　忠
　　　　森山和道
発行者　上條　宰
発行所　株式会社 地人書館
〒162-0835 東京都新宿区中町15
電話 03-3235-4422　FAX 03-3235-8984
URL http://www.chijinshokan.co.jp/
e-mail chijinshokan@nifty.com
郵便振替口座　00160-6-1532
印刷所　モリモト印刷
製本所　イマヰ製本

ISBN978-4-8052-0803-8 C3045